AF247767

Extrait des *ANNALES DE L'ÉCOLE NATIONALE D'AGRICULTURE*

LES

CHAMPIGNONS PARASITES

DES INSECTES

ET

LEUR UTILISATION AGRICOLE

PAR

F. PICARD

PROFESSEUR DE ZOOLOGIE ET ENTOMOLOGIE AGRICOLES
A L'ÉCOLE NATIONALE D'AGRICULTURE DE MONTPELLIER

MONTPELLIER

COULET ET FILS, ÉDITEURS

LIBRAIRES DE L'ÉCOLE NATIONALE D'AGRICULTURE

5, Grand'Rue, 5

1914

LES CHAMPIGNONS PARASITES DES INSECTES
ET LEUR UTILISATION AGRICOLE

L'étude complète des rapports réciproques entre les Champignons et les Insectes serait un des plus vastes et des plus beaux sujets qui puissent tenter l'activité d'un naturaliste. A côté des Champignons qui profitent des Insectes, comme les Fumagines dont le développement se poursuit exclusivement sur le miellat des Cochenilles, des Psylles et d'autres Hémiptères, il faudrait dénombrer l'immense armée des insectes mycophages, les *Helomyza*, les *Liodes*, les *Bolboceras*, destructeurs de truffes, les *Mycetobia*, les *Bolitophila*, les *Scaphisoma*, les *Diaperis*, les *Eledona*, les *Oxyporus*, les *Bolitobius* et cent autres qui hantent les Agarics et les Bolets, les *Lycoperdina*, hôtes des Vesses de loup, les *Endomychus*, les *Bolitophagus*, les *Gyrophaena*, les *Engis*, qui cherchent leur nourriture dans les Polypores ligneux des troncs d'arbres, les *Cryptophagus*, les *Mycetaea*, les *Lathridius*, dont les troupeaux paissent des moisissures dans l'ombre et le silence des caves et des celliers, les *Tinea* et les *Oinophila* qui, des Champignons du bois, peuvent s'adapter au liège moisi et même perforer les bouchons de nos bouteilles au grand détriment de leur contenu; les Fourmis américaines du genre *Apterostigma* qui se nourrissent des Champignons développés sur les excréments des Chenilles, les *Mormolyce*, ces étranges Carabides de Malaisie, larges comme une pièce de cinq francs et plats comme une feuille de papier, qui vivent immobiles, insérés entre deux lames de quelque gigantesque Agaric, comme une plante d'herbier qui sèche entre deux feuillets.

A peine un Bolet a-t-il étalé son ombrelle qu'il devient un champ de bataille, où, dans un grouillement magnifique, la cohue des larves mycophages, Mouches, Coléoptères, Chenilles, Acariens, se dispute la nourriture et se laisse décimer par les robustes mandibules des Staphylins carnassiers ou la tarière acérée des *Alysia*, des Proctotrypides et des Chalcidiens.

Souvent les rapports entre la plante et l'insecte sont plus intimes, offrant des exemples de commensalisme ou même de symbiose. Les deux organismes peuvent se rendre des services mutuels comme c'est le cas pour ce singulier *Bornetina corium* étudié par MANGIN et VIALA, qui entoure d'une gaine protectrice les racines sur lesquelles circulent les *Pseudococcus vitis* et se nourrit aux dépens de leur miellat. Tels sont encore ces curieux *Ambrosia* qui trouvent un terrain favorable à leur germination dans les galeries des *Xyleborus* et d'autres Scolytides et concourent à assurer la subsistance des larves de ces Coléoptères. D'autres *Ambrosia* tapissent l'intérieur des galles de certaines Cécidomyies, par exemple celles de l'*Asphondylia verbasci* dans les boutons floraux du *Verbascum sinuatum*, et semblent constituer la nourriture exclusive du Diptère. Dans tous ces cas l'adaptation est étroite et les services rendus sont réciproques, car l'Insecte ne peut pas plus se passer de la présence du Champignon que celui-ci ne peut vivre indépendamment de lui.

Ce sont encore des *Ambrosia* que cultivent certaines Fourmis et des Termites exotiques, sur des milieux appropriés, et il est probable que ces Champignons jouent dans la nature un rôle plus important que nous ne le supposons.

Un type d'association plus intime encore est réalisé par les formes levures qui existent dans le tissu adipeux de beaucoup d'Hémiptères et de quelques Coléoptères et par ces conidies symbiotiques des chenilles lignivores dont PORTIER nous a récemment fait connaître l'histoire.

Ces derniers exemples nous conduisent enfin au parasitisme des Insectes par les Champignons, et, là encore, on pourrait subdiviser. On passerait, des formes simplement saprophytes, comme beaucoup de *Penicillium* et comme le *Cladosporium herbarum*,

aux parasites peu pathogènes ou presque inoffensifs, *Cladosporium parasiticum, Fusarium acridiorum,* Laboulbéniacées, etc.,
pour aboutir aux organismes meurtriers, déchaînant des épizooties foudroyantes, que l'on rencontre surtout dans les Entomophthorées et dans certains groupes de Mucédinées.

C'est seulement cette catégorie des Champignons pathogènes
qui sera l'objet du présent exposé. Le sujet est encore trop vaste
pour qu'on puisse espérer me le voir traiter d'une façon complète et, ne m'adressant pas à des mycologues de profession, mais
à des agriculteurs, je laisserai de côté tout ce que la systématique pure aurait de trop rebutant pour insister davantage sur
les détails biologiques. Je ne citerai que les espèces présentant
un certain intérêt et ne puis songer à une révision détaillée de
familles immenses et dont la taxonomie est encore fort embrouil-
lée. Je terminerai ce travail par un résumé des essais tentés
pour faire entrer dans la pratique agricole la lutte au moyen
des Champignons parasites des Insectes nuisibles et je discu-
terai brièvement les conditions de leur utilisation et l'espoir que
l'on peut mettre en eux.

Je donnerai enfin une liste bibliographique des travaux effec-
tués sur les Champignons entomophytes, qui ne sera sans doute
pas la partie la plus inutile de ce travail. Bien que certainement incomplète et ne comprenant pas certaines publications de
vulgarisation pure, sans intérêt ou sans valeur scientifique, elle
n'en renferme pas moins plus de 200 titres de mémoires ou de
notes et doit être la liste la plus importante sur la question qui
ait été rassemblée jusqu'à ce jour. Elle rendra donc service,
j'espère, aux naturalistes désireux d'entreprendre des recherches dans le champ si vaste des Champignons pathogènes.

Les Champignons parasites des insectes appartiennent presque tous à deux grandes subdivisions: celle des Oomycètes,
Champignons dont le thalle est dépourvu de cloisons et qui se
reproduisent au moyen d'œufs formés par conjugaison, et celle
des Ascomycètes, caractérisés par un mycélium cloisonné et des
spores produites à l'intérieur d'une cellule appelée asque.

Je ne retiendrai, parmi les Oomycètes, que la famille des Entomophthorées, parce que c'est la seule qui ait quelqu'importance. On a signalé sur les Insectes, des Mucorinées et des Saproléignées, qui, le plus souvent, paraissent vivre en saprophytes ou en milieu aquatique, et n'ont en tous cas aucune portée agricole.

ENTOMOPHTHORÉES

Les Entomophthorées, que l'on doit désigner plus correctement, mais moins harmonieusement, sous le nom d'Entomophthoracées, se distinguent des autres Oomycètes, au point de vue morphologique, par leur conjugaison isogame et la production de conidies exogènes, produites isolément au sommet d'un conidiophore; au point de vue biologique, par leur parasitisme aux dépens des Insectes, sauf quelques exceptions, par exemple le *Basidiobolus ranarum*, qui se développe sur les excréments des Batraciens, les *Conidiobolus*, qui vivent sur les Champignons supérieurs, et les *Completoria*, parasites du prothalle des Fougères.

Une Entomophthorée parasite d'un Insecte est constituée par un mycélium qui remplit le corps de l'hôte, mycélium formé de gros filaments ininterrompus ou très rarement interrompus par quelques cloisons transversales. Très souvent aussi le thalle se présente sous la forme de filaments courts, dissociés, quelquefois même ovoïdés, et très semblables aux oïdies qui forment le mycélium dissocié de beaucoup de Mucorinées.

Il peut se produire aux dépens du mycélium des Entomophthorées, trois sortes de fructifications, l'une externe et les deux autres internes.

Les spores externes sont les conidies, qui se forment de la façon suivante: du mycélium interne partent des branches qui percent le tégument, viennent se dresser à l'extérieur et se terminent en une massue plus ou moins renflée. Au sommet de chacune de ces massues se développe une conidie qui, suivant les espèces, sera complètement sphérique (*Empusa muscae*), ovale (*Entomophthora sphaerosperma*), ou même conique (*Entomo-*

phthora conica). Ces conidies portent souvent une petite pointe
à leur sommet. Elles contiennent, outre le noyau, des globules
graisseux uniques ou multiples.

Le moindre choc détache les conidies de leur support, lorsqu'elles sont mûres, et les projette à une distance assez grande,

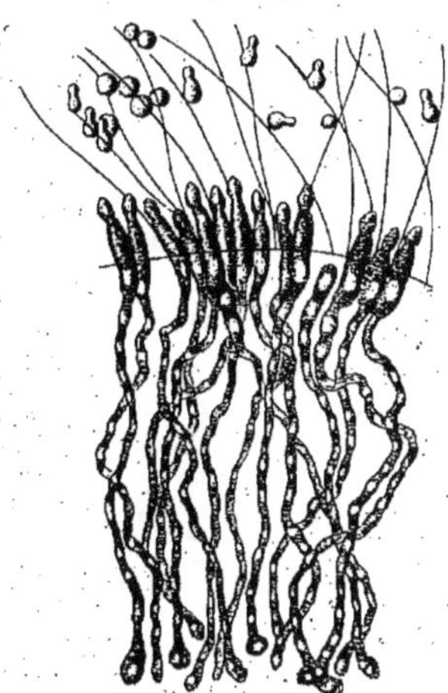

Fig. 1. — Mycélium et conidiophores d'*Empusa muscae*. (D'après Brefeld.)

par exemple un ou deux centimètres dans certaines espèces.
Elles tombent alors tout autour de l'Insecte et chacune d'elles
donnera naissance par germination à une conidie secondaire,
exactement semblable à la conidie primaire, mais plus petite;
il peut ensuite se former de la même façon une conidie tertiaire,
encore plus petite, et le tout environne l'hôte d'une sorte d'auréole pulvérulente que chacun connaît bien pour l'avoir vue à
l'automne autour des cadavres de Mouches tuées par l'*Empusa
muscae*.

Les fructifications internes sont de deux espèces. Les unes
se forment dans un filament mycélien par condensation du pro-

toplasme; autour de chacune d'elles sera sécrétée une épaisse membrane. Ce sont des spores de résistance, les chlamydos-pores, généralement globuleuses, dont la vitalité est supérieure à celle des conidies et qui sont capables de conserver plus long-temps leur pouvoir germinatif.

Les autres sont les œufs fécondés, que l'on désigne aussi sous le nom de spores tarichiales ou de zygospores. Ils sont produits par deux tubes que deux filaments voisins, ou deux régions du même filament, envoient à la rencontre l'un de l'autre. Leur point d'union se renfle en une masse globulaire qui s'entoure d'une membrane épaisse, comme la chlamydospore, et qui cons-titue l'œuf.

Les Insectes attaqués meurent avec l'organisme complète-ment envahi par le mycélium dont les filaments pénètrent jus-que dans les antennes, les pattes, les nervures des ailes, etc. L'animal est bourré à tel point que son corps se distend, sur-tout dans la région abdominale dont les segments sont plus susceptibles d'extension.

L'Insecte malade est modifié aussi bien au point de vue éthio-logique qu'au point de vue physique. Il passe d'abord par une phase d'excitation très marquée, quitte sa nourriture et erre de côté et d'autre, son géotropisme devient négatif, il a tendance à s'élever et à grimper au sommet des brins d'herbes, des tiges de végétaux, des piquets de clôture, etc. Finalement il meurt en état de dilatation, fixé solidement à son support par ses appen-dices raidis ou contractés, dans le cas des *Empusa*, ou par des hyphes produits par le Champignon, qui se terminent par des crampons maintenant fortement le cadavre, dans le cas des *Entomophthora*. Après la mort, l'Insecte se couvre d'un velouté blanchâtre ou grisâtre formé par les conidiophores; son corps se durcit et se momifie, comme on l'observe dans les muscar-dines produites par les Hyphomycètes des genres *Beauveria* et *Spicaria*. On distinguera cependant facilement les muscardines occasionnées par les Mucédinées de celles qui proviennent de l'attaque des Entomophthorées, parce que, dans les premières, l'hôte n'est jamais cramponné à un support et que les filaments qui le recouvrent sont multiseptés, ce qui n'existe pas pour les Entomophthorées. Dans la nature, une épidémie de muscardine à Entomophthorée est des plus faciles à reconnaître : on rencontre dans les haies, dans les prairies ou dans les cultures une quantité d'individus de l'espèce décimée, fixés isolément, ou le plus souvent accumulés à l'extrémité des tiges, des chaumes, etc., dans des postures bizarres, mais toujours caractéristiques, le corps recouvert de pulvérulence. De telles positions ne se remarquent pas dans les muscardines vraies à *Beauveria*.

Il importe de savoir quelle est la destinée des conidies, et par quelle voie se propage l'infection d'un individu à l'autre. Un très grand nombre d'expériences ont été faites à ce sujet, dont beaucoup n'ont pas été très probantes. La croyance générale fut longtemps, et est encore, que les conidies germent et donnent immédiatement des filaments mycéliens si elles rencontrent un substratum favorable que les observateurs admettaient être le tégument des Insectes ; si la conidie, au contraire, tombe sur un corps inerte, elle donne une conidie secondaire comme je l'ai indiqué. Tous les auteurs sont unanimes à constater le peu de durée de la faculté germinative de la conidie. Elle ne se conserve que pendant 74 heures environ chez *Empusa aulicae*, d'après SPEARE et COLLEY qui ont étudié l'infestation artificielle de *Porthesia chrysorrhea* par ce Champignon. SPEARE et COLLEY, comme tout le monde, admettent que les conidies germent sur la cuticules des chenilles saines en émettant un tube qui perce le tégument et croît dans le corps de l'hôte. La maladie dure cinq jours depuis le moment de l'infection jusqu'à la mort qui est précédée d'une période d'activité fébrile, bientôt suivie d'un stade de torpeur.

Cependant le travail de SPEARE et COLLEY date de 1912 et les auteurs américains ont ignoré les observations de ROUBAUD, qui ont été publiées en février 1911. Ce dernier naturaliste se livra au Dahomey à des expériences qui, pour être fragmentaires, ne méritent pas moins d'être rapportées en détail, puisqu'elles sont les premières, du moins à ma connaissance, tendant à faire

admettre que l'infection se produit normalement par voie digestive.

Roubaud eut en sa possession des *Stomoxys calcitrans* L. (1)
tués par une Entomophthorée qu'il rapporta au genre *Empusa* (2). Les Insectes morts étaient fixés à des feuilles de pommes
de terre, parfois aussi sur le corps des ânes, dont ces Diptères
ont l'habitude de sucer le sang. Il s'en servit pour faire une
série d'essais d'infection, les uns par contact, les autres par
ingestion.

Dans une première expérience, 10 *Stomoxys calcitrans*, 4 *Musca domestica* et un *Anthomyiaire* furent mis en présence de
feuilles couvertes de nombreux cadavres de *Stomoxys*. Le cinquième jour, un seul Stomoxe et l'Anthomyiaire meurent envahis par le mycélium. Aucun autre Diptère ne s'infeste les jours
suivants.

Un autre essai consista à mettre au contact des Stomoxes
parasités : 8 *Glossina palpalis*, 4 *Glossina tachinoïdes*, 1 *Gl. lon-
gipalpis*. Après un mois de cohabitation et des secouages jour-
naliers destinés à multiplier le contact des Glossines avec les
spores, aucune infection ne se produisit.

Les tentatives d'infestation par ingestion donnèrent de meilleurs résultats : 5 *Stomoxys calcitrans* furent nourris à la pipette
d'eau sucrée contenant des spores en suspension ; 4 absorbent le
liquide, l'un meurt en 24 heures envahi par le mycélium, les
autres meurent sans mycélium.

Deux *Musca domestica* nourries de même, meurent l'une en
24 heures avec mycélium, l'autre en quatre jours sans mycélium.

---

(1) Tout ce qui se rattache à la biologie des *Stomoxys* et à leurs parasites prend
aujourd'hui une grande importance. On sait, en effet, depuis les expériences très
précises de Rosenau et de Brues, que ces Diptères sont les agents de transmission de la poliomélite ou paralysie infantile.

(2) Bien que l'auteur ne spécifie pas davantage, on peut se demander s'il ne
s'agit pas de l'*Empusa muscae*, parasite de la mouche domestique, qui est connue
pour s'attaquer aussi à divers autres Muscides. Hesse a d'ailleurs tué le *Stomoxys
calcitrans* avec cette espèce.

Dix *Glossina palpalis* ont la trompe baignée et légèrement froissée dans le liquide sporifère. Aucune ne s'infecte.

Toutes ces expériences paraissent bien démontrer que l'infection ne se produit pas par germination des conidies à travers le tégument. Roubaud fait remarquer avec raison que le seul résultat positif de la première expérience peut être dû à l'absorption des spores par la trompe, fait toujours possible dans de tels essais. La contamination par ingestion ne paraît pas douteuse et c'est en tous cas le moyen le plus sûr de tuer les Mouches expérimentalement. L'insuccès sur les Glossines, si voisines cependant des Stomoxes, peut provenir, soit d'une immunité naturelle chez ces Insectes, soit, plus probablement, de leur incapacité à absorber par la trompe quoique ce soit d'autre que du sang puisé chez un animal vivant. Il est à remarquer que des essais entrepris sur d'autres *Stomoxys* (*St. Bouvieri* et *St. brunnipes*) furent négatifs. Ces espèces sont certainement réfractaires, puisque *St. Bouvieri*, très répandu au Dahomey, n'a jamais été trouvé infesté dans la nature. Il est à présumer que là encore l'immunité provient du genre d'alimentation, car, s'il s'agit bien d'*Empusa muscae*, le Champignon est connu pour tuer des Mouches appartenant à des genres variés, *Musca, Lucilia, Calliphora*.

Les faits observés par Roubaud ont été confirmés par le travail de Hesse (1913), qui ne cite pas son prédécesseur. Cet auteur réussit à tuer trois espèces de Mouches, *Stomoxys calcitrans, Musca domestica* et *Fannia cunicularis*, en mêlant des spores d'*Empusa muscae* à leur nourriture. Il alla même plus loin, et éleva des larves dans du fumier contaminé par le Champignon. Les larves se développèrent et se transformèrent en pupes, mais elles moururent à ce stade. Les expériences de Hesse, comme celles de Roubaud, démontrent donc que c'est bien en avalant les spores que l'insecte se contamine. Ses essais sur les larves sont fort intéressants, car, jusqu'à présent, l'*Empusa muscae* était considérée comme un parasite exclusif des adultes. Il semble légitime de généraliser les résultats acquis pour cette espèce, et il paraît bien probable que le mode d'infection par le tube digestif est la règle chez toutes les Entomophthorées.

Hesse a montré également que les Mouches pouvaient être infectées par des zygospores incorporées à de l'eau sucrée, et que ces zygospores, germant dans le corps de l'Insecte, sont l'origine d'un mycélium conidifère. Le cycle entier est donc reconstitué.

Jusqu'à une époque toute récente, les tentatives pour cultiver les Entomophthorées en milieu artificiel avaient constamment échoué. La chose est peu surprenante, si l'on considère que la spécificité parasitaire de ces Champignons, pour n'être pas aussi complète que celle des Laboulbéniacées, n'en est pas moins assez grande, et qu'ils sont par conséquent adaptés à des conditions de milieu étroitement définies. La culture, aussi bien des Bactéries que des Champignons parasites, est d'autant plus facile à réaliser que la spécificité parasitaire est moins accentuée et que le genre de vie se rapproche davantage de la vie saprophytique. Les résultats anciens ne consistaient guère qu'à obtenir la germination dans l'eau des conidies de quelques espèces. Heim aurait réussi également à faire germer les zygospores d'*Empusa grylli* en plaçant les Insectes tués dans une chambre humide, mais d'autres naturalistes ont échoué.

C'est encore à Hesse que l'on doit la première culture artificielle d'une Entomophthorée, l'*Empusa muscae*. Ses cultures, examinées par Bernstein, furent reconnues comme étant bien celles de l'*Empusa*. Grâce aux spores ainsi produites, Hesse put tuer par ingestion des Mouches et des Stomoxes, comme je viens de le rapporter. Ce succès peut avoir une importance pratique considérable, car l'impossibilité de cultiver les Entomophthorées était jusqu'ici le principal obstacle à leur utilisation pour la destruction des Insectes nuisibles. Si vraiment il est aussi facile que le dit Hesse d'empoisonner la nourriture des Mouches avec des conidies obtenues en dehors de l'organisme, rien ne s'opposera à ce que l'on puisse créer des foyers d'infection d'où les Mouches contaminées se disperseront pour répandre l'épidémie autour d'elles.

Les Entomophthorées entomophages sont très nombreuses en espèces, mais réparties en un petit nombre de genres, dont les deux principaux sont *Empusa* et *Entomophthora*. Tous les mycologues n'ont pas été d'accord sur les caractères différentiels de ces deux genres, de sorte que beaucoup de formes sont des *Entomophthora* pour les uns, et des *Empusa* pour les autres. On considère généralement que les espèces chez lesquelles le mycélium envoie des ramifications externes pourvues de crampons doivent rentrer dans le genre *Entomophthora* et que celles qui sont dépourvues de tels organes sont des *Empusa*.

Le genre *Empusa* comprend donc des espèces chez lesquelles le mycélium, sans crampons, est entièrement renfermé dans le corps de l'insecte. On ne voit à l'extérieur que les hyphes fructifères, constitués par des filaments non ramifiés, incolores, souvent claviformes, dressés à la surface du tégument et portant de grosses conidies lisses.

Beaucoup d'*Empusa* jouent dans la nature un rôle important dans la mortalité des insectes. Certaines d'entre elles s'attaquent à des espèces qui se multiplient à l'excès, comme les Mouches, diverses chenilles, les Acridiens, les Pucerons, etc., et qui sont en même temps fort nuisibles. Il est donc nécessaire d'en citer ici quelques-unes.

L'espèce la plus commune, ou tout au moins celle que chacun peut observer le plus facilement, est l'*Empusa muscae* Cohn; aussi a-t-elle été étudiée par un grand nombre de naturalistes. Elle présente des conidies à peu près globuleuses, terminées par une petite pointe, transparentes et renfermant un gros globule graisseux. Elles sont portées à l'extrémité de conidiophores dressés, claviformes, non ramifiés et hyalins.

On trouve cette espèce sur les Muscides (*Musca domestica, Calliphora vomitaria, Lucilia cæsar,* etc.), et aussi parfois sur quelques Syrphides. Les cadavres de Mouches tuées par l'*Empusa* présentent un aspect très particulier. Ils sont fixés à leur support (murs, vitres des habitations, etc.) par la trompe, avec les ailes et les pattes déjetées. Les conidiophores perforant plus facilement les membranes intersegmentaires, l'abdomen, forte-

ment gonflé et distendu, est entouré d'anneaux blanchâtres et
pulvérulents formés par les conidiophores et leurs spores. Sur
les poils, les ailes, etc., viennent se coller des conidies à mesure
de leur émission, ce qui finit par donner à la Mouche une appa-
rence grisâtre et poussiéreuse. Tout autour de la Mouche, on
remarque une auréole circulaire composée de conidies primai-
res projetées à égale distance du cadavre, puis bientôt de conidies secondaires et tertiaires.

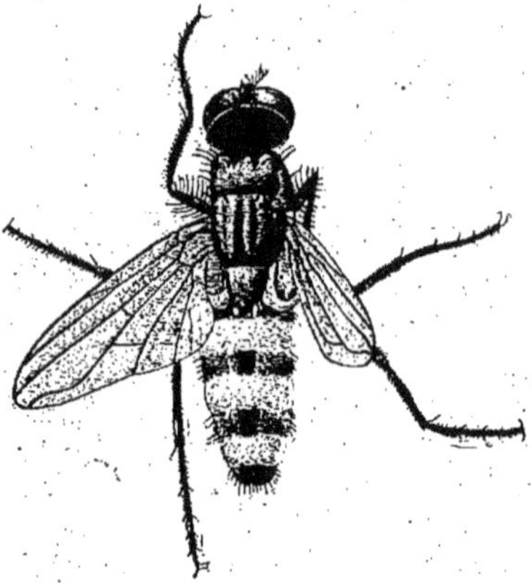

Fig. 2. — Mouche domestique tuée par l'*Empusa muscae*. (Originale.)

C'est surtout à l'automne que l'on peut observer une mortalité
considérable des Mouches du fait de l'*Empusa muscae*. On sait
que les Mouches, très communes en été et au début de l'automne, disparaissent plus ou moins complètement à la fin de
cette dernière saison, pour se montrer au printemps de plus en
plus abondantes à mesure que la température augmente. Je
démontrerai d'ailleurs, à propos des Laboulbéniacées, que cette
disparition hivernale n'est jamais totale, comme quelques per-
sonnes le croient. Chacun sait que la question ne se pose que
pour les climats à hivers rigoureux et que, dans le midi de la
France, notamment, on peut voir des Mouches dans les habitations toute l'année.

Cette raréfaction provient de causes multiples. Tout d'abord la rapidité du développement est influencée par la température, et il existe un minimum au-dessous duquel le ralentissement des phénomènes de la métamorphose dans la pupe confine à l'arrêt complet. L'imago ne peut éclore que lors d'un relèvement se produisant au printemps. Ce n'est donc pas, à proprement parler, une disparition que l'on observe chez les Mouches à l'automne, mais une diminution de rapidité des éclosions et enfin l'arrêt plus ou moins complet. Les adultes, pendant ce temps, meurent comme sont morts ceux des générations d'été.

Cependant la mortalité peut être précipitée par une épidémie produite par l'*Empusa*, et de fait, certaines années, bien peu d'individus échappent à la contagion. L'*Empusa* existe toute l'année à l'état sporadique, mais les grandes épizooties n'éclatent qu'à l'automne. Il est admis qu'à ce moment le Champignon trouve d'une part le degré d'humidité qui lui convient et que, d'autre part, l'insecte affaibli par un abaissement de température lui offre un terrain favorable.

Il est certain que l'humidité de l'atmosphère est une condition indispensable au développement des Entomophthorées. Nous sommes renseignés avec beaucoup moins de précision sur les autres facteurs. A l'époque des épidémies, le froid n'est pas suffisant pour tuer les Mouches; rien, par contre, n'empêche de supposer qu'il intervient pour les affaiblir et les livrer sans défense aux attaques de l'*Empusa*. Il ne s'ensuit pas qu'une température élevée confère aux Mouches l'immunité et il n'est pas exact de dire que le Champignon ne tue que les insectes sur le point de mourir de froid.

J'ai été particulièrement bien placé (1) en 1913, pour étudier

---

(1) Grâce à la malpropreté de ses rues, Montpellier est une des villes de France où de telles études sont le plus aisées. Malgré les obligations que j'en ai à sa municipalité, je considère qu'il est de mon devoir d'élever la voix et de faire observer que la fréquence et l'endémicité de la fièvre typhoïde et de la diarrhée infantile dans cette ville n'ont pas d'autre cause. Rien n'est plus facile que de diminuer le nombre des Mouches, et cela dépend uniquement des pouvoirs publics. Lorsque l'on voit les magnifiques résultats auxquels sont parvenus Balfour

la fréquence des Mouches à Montpellier aux différentes époques de l'année. Ces Insectes furent très abondants de juin à septembre; à la fin de ce mois, des pluies survinrent, le vent marin humide fut dominant et une très forte épidémie d'*Empusa* se déclara. Il est à noter que la température était normale pour la saison, c'est-à-dire assez élevée; les *Empusa* ne font donc pas périr que les Mouches mourant de froid. Les Mouches tuées en grand nombre, diminuèrent sensiblement pendant le mois d'octobre; mais novembre fut beau et sec et la mortalité cessa. En même temps, les individus qui étaient à l'état de larve et de pupe en octobre devinrent adultes, et une nuée de Mouches apparut à la fin de novembre et dans les premiers jours de décembre. A ce moment, elles étaient aussi nombreuses qu'en juin, malgré le froid déjà assez vif, au moins le matin. La sécheresse de l'atmosphère avait jugulé l'épidémie, et, malgré ses bons effets au début de l'automne, celle-ci n'avait pas réussi à faire disparaître toutes les Mouches.

En somme, le froid ne tue pas les adultes, il n'agit qu'en suspendant les éclosions et la vie moyenne des Mouches est même plus courte par les grosses chaleurs de juillet que pendant l'automne. Quelque soit le rôle du froid dans la marche de la maladie, on peut dire qu'il n'agit que de concert avec l'humidité, et si le Champignon arrive à faire disparaître toutes les Mouches, ou presque, dans le Nord, c'est qu'à la période humide de l'automne succède rapidement une température assez basse pour empêcher les nouvelles éclosions de se produire. Il n'en est pas de même dans le midi, où les pluies de septembre et d'octobre sont suivies des journées ensoleillées de novembre, encore assez chaudes, au milieu du jour, pour permettre le développement d'une série de générations.

L'*Empusa-plusiae* GIARD (1), se distingue par ses conidiopho-

---

et ses collaborateurs à Kartoum, cité peuplée en majorité de nègres, on ne peut qu'être convaincu de la possibilité d'obtenir des résultats analogues dans une ville dont la population est, je l'affirme, composée en grande partie d'*Homo sapiens*.

(1) GIARD la range dans le genre *Entomophthora* à cause de ses conidiophores rameux, mais, d'après notre définition, elle doit rentrer dans le genre *Empusa*, puisqu'elle n'a pas de rhizoïdes.

res rameux portant des conidies irrégulièrement ovoïdes de teinte verdâtre, contenant plusieurs gouttelettes graisseuses. Elle est parasite d'une chenille de Noctuelle, le *Plusia gamma*, très nuisible à l'agriculture. Les cadavres de la chenille sont fortement fixés à leur support par les pattes membraneuses contractées. GIARD a remarqué que la contagion était favorisée par la présence d'un Acarien vivant en parasite sur le tégument des *Plusia*.

Une série d'*Empusa* se développe sur les Pucerons et provoque chez ces Hémiptères des épizooties d'autant plus généralisées qu'ils vivent généralement en très grand nombre, serrés les uns contre les autres. Telle est l'*Empusa Planchoniana* CORNU, à conidiophores simples, à conidies sphériques ou ovoïdes, armées d'une petite pointe. Les cadavres des Pucerons restent fixés au végétal par la trompe, implantée dans les tissus. MATTIROLO, en 1898, a étudié cette espèce en Italie, et a montré qu'elle avait une action considérable sur la diminution de plusieurs espèces de Pucerons.

L'*Empusa Fresenii* NOWAKOWSKI est aussi parasite des Pucerons. On l'a observée, en Europe, surtout sur l'*Aphis mali*. Elle est caractérisée par des conidiophores simples, portées par des hyphes courtes et globuleuses, des conidies sphériques et des conidies secondaires de deux formes différentes, les unes sphériques, les autres en forme d'amande, insérées obliquement sur des conidiophores très grèles. On retrouve cette espèce aux Etats-Unis, ainsi qu'une autre *Empusa* des Aphidiens, l'*E. lageniformis* THAXTER.

L'*Empusa ovispora* NOWAKOWSKI, vit aux dépens de divers Diptères, *Lonchaea, Sapromyza* et surtout les Syrphes. C'est peut-être l'espèce ayant occasionné les épidémies sur les Syrphides signalées par CORNU et CH. BRONGNIART, à moins qu'il ne s'agisse de l'*Empusa conglomerata* SOROKIN, également parasite des Diptères.

L'*Empusa grylli* FRESENIUS (= *Entomophthora calopteni* BESSEY) est une des espèces les mieux connues. Ses conidiophores sont généralement simples, claviformes, portant de grosses conidies ovoïdes ou pyriformes, hyalines. Les œufs sont produits par conjugaison entre deux cellules consécutives.

On a cité cette espèce comme parasite d'Orthoptères, surtout d'Acridiens, et de chenilles de Lépidoptères. En réalité il est bien probable que la forme des Chenilles (*E. aulicae* REICHARDT) est différente spécifiquement de la véritable *E. grylli*. Il est difficile de l'en distinguer morphologiquement, mais les expériences d'infection croisée ont toujours échoué. Il existe donc bien deux espèces, ou tout au moins deux races biologiques. Il est d'ailleurs remarquable que les essais de contamination entre deux espèces différentes d'Acridiens échouent aussi le plus souvent, et qu'il ne soit guère facile de réussir qu'avec deux Insectes de même espèce.

On peut donc admettre que le Champignon, à mesure qu'il s'adapte à une espèce donnée, devient de moins en moins apte à végéter sur d'autres espèces. De tels exemples sont fréquents dans la nature, non seulement sur des Champignons (Urédinées), mais encore chez des animaux comme les Anguillules

Fig. 3. — Criquets italiens (*Caloptenus italicus*) tués par l'*Empusa grylli* et rassemblés au sommet d'une tige. (Photographie originale.)

(*Tylenchus*) chez lesquelles RITZEMA-BOS a pu créer artificiellement des races adaptées à une plante donnée et incapables désormais de retourner à la plante primitive.

Ces faits expliquent que deux espèces de Criquets puissent vivre mélangées dans la même localité, l'une étant constamment indemne, tandis que l'autre est parasitée. KUNCKEL l'a constaté pour l'*OEdaleus nigrofasciatus* qui ne s'infeste pas lors des épidémies sévissant sur le *Caloptenus italicus*.

Ce dernier Acridien, le Criquet à ailes roses, si commun en France, où il représente la seule espèce véritablement nuisible (1), paye un large tribut à l'*Empusa grylli*, et il n'est pas rare de voir, lorsque le début de l'automne est humide, les cadavres de cet Insecte fixés à l'extrémité des chaumes et des tiges de toutes sortes, accumulés parfois comme le représente la fig. 3. L'*Empusa grylli* est un des principaux facteurs de la disparition des Criquets, qui se remarque presque toujours à la suite des années d'invasion intense.

Les expériences d'infestation de Blattes et de Mouches, effectuées par GUEGUEN en partant de *Caloptenus italicus* tués par l'*Empusa*, furent négatives, ce qui n'est pas pour nous surprendre.

L'*Empusa aulicae* REICHART, a été identifiée par THAXTER avec l'*Empusa grylli*, mais GIARD s'est montré d'un avis opposé et des mycologues de valeur, tels que COOKE et VON TUBOEUF, ont confirmé sa manière de voir. Quelques faibles que soient les différences morphologiques, *E. aulicae* paraît bien inféodée aux chenilles, particulièrement à celles de la famille des Arctides, *Arctia aulica* L., *caja* L., *villica* L., *hebe* L., *Spilosoma fuliginosa* L., etc. On la retrouve en Amérique sur divers Arctides, de ce pays: *Spilosoma virginica*, *Hyphantria textor*, *Pyrrhactia isabella*, etc. Il est probable que c'est encore la même *Empusa* qui détermine les épizooties si souvent observées sur la Noctuelle du Pin, *Panolis piniperda*. C'est du moins l'opinion de VON TUBOEUF, bien que GIARD fasse des réserves à ce sujet.

---

(1) A l'exception du Criquet marocain (*Stauronotus maroccanus*) qui se multiplie certaines années sur le littoral méditerranéen et a commis de gros dégâts en Camargue et dans les alentours.

SPEARE et COLLEY ont réussi à infester le *Brown-tail moth* (*Euproctis chrysorrhea*) avec ce Champignon. Ils ont même obtenu des résultats suffisants pour considérer cette infection comme un moyen pratique de lutte, et je rendrai compte plus loin de leurs expériences. En France, l'*Empusa aulicae* nous intéresse surtout comme étant le parasite le plus meurtrier de l'Écaille martre ou chenille bourrue des vignerons (*Arctia caja* L.). Cette chenille polyphage apparaît parfois au printemps en

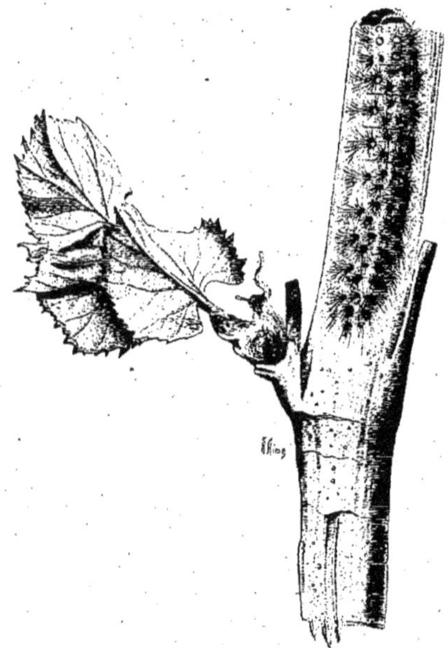

Fig. 4. — Chenille d'*Arctia caja* parasitée par l'*Empusa aulicae* et morte à l'extrémité d'un sarment. (Originale.)

nombre immense, et dans les pays livrés à la monoculture, comme le midi de France, se jette sur les vignes dont elle dévore les bourgeons. Il est bien rare qu'une de ces périodes de ravages ait un lendemain; certaines années, presque toutes les chenilles sont tuées par les *Apanteles* (*A. cajae* et *villanus*), d'autres fois se déclarent des épizooties causées par des végétaux, *Bacillus cajae* PICARD et BLANC, et surtout *Empusa aulicae*. Au printemps de 1913, où l'invasion des chenilles bourrues apparaissait comme particulièrement redoutable, la mortalité fut telle que je ne pus qu'à grand peine obtenir quelques chrysalides.

Nul exemple ne peut mieux démontrer l'importance des parasites dans la diminution des Insectes nuisibles. Un observateur non prévenu serait effrayé de ces invasions de chenilles répandues par myriades sur les ceps, et croirait la récolte entièrement compromise pour plusieurs années. Cependant l'*Arctia caja* n'a qu'une faible importance économique, car, chaque fois, les dégâts ont à peine commencé que l'épidémie survient, et, en l'espace de quelques jours, transforme en cadavres pulvérulents l'armée de ces chenilles si alertes. La destruction est telle que l'Ecaille martre est plusieurs années sans reparaître. Les *Apanteles* jouent parfois un rôle qui n'est pas moindre, mais leur action est plus discrète et ne saute pas immédiatement aux yeux des agriculteurs comme celle de l'*Empusa*.

Beaucoup d'autres espèces d'*Empusa* ont été décrites comme parasites d'Insectes variés. Je citerai seulement encore l'*Empusa tenthredinis* FRESENIUS, très proche des deux précédentes et qui s'attaque aux larves de Tenthrèdes, et l'*Empusa phryganeae* SOROKIN, qui vit aux dépens des Phryganes.

Le genre *Entomophthora* est très voisin du genre *Empusa*; on y a placé parfois toutes les espèces à conidiophores rameux. Il est préférable d'y comprendre seulement celles dont le mycélium émet des crampons externes qui fixent l'hôte à son support. Les Insectes tués par les *Empusa* sont donc accrochés uniquement par leurs pattes, leurs pièces buccales, etc., qui sont contractées, tandis que ceux qui sont attaqués par les *Entomophthora* sont attachés par des crampons, sans que leurs appendices contribuent nécessairement à les maintenir.

L'*Entomophthora sphaerosperma* FRESENIUS (*Entom. radicans*

Brefeld) est une des espèces les plus répandues. Elle se distingue par ses conidiophores très ramifiés, ses conidies munies d'une papille à la base et d'une légère pointe au sommet, tantôt elliptiques, tantôt presque cylindriques. La coloration des conidiophores varie du vert au blanchâtre.

On a observé l'*E. sphaerosperma* sur des hôtes très divers, Névroptères, Hémiptères, Coléoptères, Diptères, Lépidoptères, Hyménoptères, et là encore il y aurait lieu de se demander s'il n'existe pas des races ou des espèces biologiques. Elle a été surtout très bien étudiée sur la chenille du Chou (*Pieris brassicae*) par Brefeld, qui a réussi des infections expérimentales à l'aide des conidies.

L'*Entomophthora phytonomi* Arthur, parasite du Charançon de la Luzerne (*Phytonomus variabilis*) est généralement considérée comme synonyme d'*E. sphaerosperma*; elle attaque aussi un autre charançon nuisible à la Luzerne, l'*Hypera punctata*. Ce sont les larves de ces Coléoptères qui sont sujettes aux atteintes du Champignon et elles meurent après avoir filé leur cocon, parfois même lors de leur transformation en nymphes. Webster note qu'aux environs de Salt-lake City, en 1911, un cinquième des cocons contenait des cadavres, et que, dans une autre région de l'Utah, aux environs d'Hoytsville, la mortalité atteignit 50 %. Il faut remarquer que le climat de l'Utah est sec et convient peu à l'extension des Entomophthorées. Dans l'Est des Etats-Unis, les pourcentages furent plus élevés dans les élevages.

L'*Entomophthora arrénoctona* Giard attaque les Tipules (*Tipula paludosa*) et tue exclusivement les mâles. Pour expliquer ce fait curieux, Giard suppose que l'infection débute à un stade très précoce de la vie larvaire et que le parasite, agissant dès le jeune âge, modifierait les caractères extérieurs de l'adulte. Ce serait donc un cas de castration parasitaire et les femelles ne présenteraient en réalité aucune immunité. (1).

---

(1) Guéguen (*Champignons parasites de l'homme et des animaux*) donne une explication différente, d'ailleurs un peu confuse, et ne paraît pas avoir nettement saisi l'idée de Giard. Voir à ce sujet l'exposé de Julin, la *castration parasitaire et ses conséquences biologiques*, dans la *Revue générale des Sciences*, août 1891.

L'*Entomophthora muscivora* Schröter (*E. calliphorae* Giard),
parasite des Mouches adultes du genre *Calliphora*, se distingue
de l'*Empusa muscae*, plus fréquente d'ailleurs sur les *Musca*
que sur les *Calliphora*, par les crampons qui fixent le cadavre. Les conidiophores sont rameux et de couleur brunâtre, les
œufs sont globuleux et de teinte brun foncé. Giard n'a pas
réussi à infecter les larves en leur faisant dévorer les zygospores, ni les adultes, par contact avec ces mêmes œufs. Charles Brongniart, au contraire, prétend avoir fait germer les
zygospores, non seulement sur les Mouches, mais sur les hôtes
les plus invraisemblables, Chenilles de Sphinx, Guêpes, Abeilles, larves de *Tenebrio*, etc. Suivant l'Insecte, il obtenait des
formes conidiennes différentes. Ce ne sont là que de simples
élucubrations, comme presque tout ce que cet auteur a écrit sur
les Champignons entomophytes, dont bien peu de chose mérite
d'être retenu.

Beaucoup d'autres *Entomophthora* sont spéciales aux Diptères. Telles sont les *E. culicis* Fresenius, *variabilis* Thaxt. et
gracilis Thaxt., des Moustiques; *E. conica* Nowakowski, *montana*
Thaxt., des *Chironomus*; *E. sepulchralis* Thaxt. et *dipterigena*
Thaxt. des Tipulides; et *E. scatophagae* Giard, d'un Diptère
coprophage, *Scatophaga mordaria*.

Parmi les *Entomophthora* des chenilles de Lépidoptères, je
citerai encore *E. saccharina* Giard causant des épizooties chez
les chenilles d'*Euchelia jacobeae*, si abondantes sur les *Senecio
jacobaeus* dans les dunes du Pas-de-Calais; *E. apiculata* Thaxt.,
parasite de Tortricides, de *Pterophora*, d'*Hyphantria textor* et
aussi de Diptères; *E. virescens* Thaxter, des Noctuelles, et
E. geometralis, des Phalènes.

Les *Entomophthora aphidis* Cohn et *occidentalis* sont spéciales aux Pucerons qui meurent fixés par les crampons et non
par le rostre, comme dans le cas des *Empusa Planchoniana* et
lageniformis.

Enfin je citerai encore l'*Entomophthora forficulae* Giard, des
Forficules, et l'*E. Carpentieri* Giard, parasite des Elatérides
adultes (*Agriotes* et *Elater*). Les Insectes morts sont fixés la

tête en bas et maintenus par des touffes de rhizoïdes issues du point de jonction du prothorax et du mésothorax, et en arrière des hanches postérieures. GIARD s'était basé sur la localisation des rhizoïdes pour placer cette espèce dans le genre nouveau *Lophorhiza*. Les Elatérides attaqués ne peuvent ni sauter ni marcher.

Les autres genres d'Entomophthorées parasites d'Insectes sont peu nombreux en espèces et ont une faible importance économique. Les *Massospora* sont caractérisés par des zygospores à membrane réticulée, des conidies ovoïdes et verruqueuses et par l'absence de rhizoïdes. L'espèce la mieux connue est celle qui a été décrite par PECK comme parasite des divers états d'une Cigale des Etats-Unis, la *Cicada septemdecim*, Insecte célèbre pour la longue durée de son cycle évolutif (17 ans).

On connaît d'autres *Massospora* sur des Insectes nuisibles, notamment sur le *Cleonus punctiventris*, ennemi de la Betterave.

Le genre *Tarichium* est composé d'espèces devant probablement rentrer dans les *Empusa*, et peut être pour une part dans les *Massospora*. On leur connaît des zygospores, mais pas toujours des conidies.

Le *Tarichium uvella* (SOROKIN) avait tout d'abord été placé dans le genre *Sorosporella*. Il est parasite du *Cleonus punctiventris* et sans doute aussi des chenilles nuisibles à la Betterave, car GIARD est d'avis que le *Sorosporella agrotidis* de SOROKIN est synonyme de la présente espèce. SOROKIN l'a observé sur les Vers gris ravageant les cultures de Betteraves dans le département de Kazan. Les œufs sont en grappe et d'une couleur rouge. Chaque conidiophore ne porte qu'une conidie incolore et cylindrique. Il est probable qu'il s'agit d'une forme voisine des *Massospora*.

Une autre espèce, au contraire, le *Tarichium megaspermum* COHN, n'est sans doute que la forme sans conidies d'une *Empusa*. Elle cause aux larves de Noctuelles (*Agrotis* ou Vers gris de la Betterave) une affection connue sous le nom de muscardine noire, à cause de la couleur de ses zygospores. Les essais entrepris pour faire germer ces zygospores ont échoué jusqu'à présent.

ASCOMYCÈTES

Les Ascomycètes renferment tous les Champignons dont les spores se forment à l'intérieur d'une cellule nommée asque; leur thalle est cloisonné ce qui permet de les distinguer au premier examen des Oomycètes, même en l'absence des formes supérieures de reproduction.

Les Ascomycètes se reproduisent non seulement au moyen de spores nées dans les asques, les Ascospores, mais encore de conidies, à formation exogènes. Il existe un groupe immense, celui des Hyphomycètes chez lequel on ne connaît pas d'autres spores que les conidies. On les rattachera cependant aux Ascomycètes parce que les formes conidiales de beaucoup de ces derniers ont les plus grands rapports avec les Hyphomycètes.

Les Ascomycètes susceptibles de parasiter les Insectes appartiennent aux Exoascées dont les asques ne sont pas enfermées dans un organe clos, mais isolés ou unis par des filaments mycéliens, aux Périsporiacées dont les asques sont contenus dans un organe clos, le périthèce, qui est indéhiscent, et enfin aux Pyrénomycètes, dont le périthèce s'ouvre au sommet pour laisser passer les ascospores à maturité.

Les Pyrénomycètes entomophytes comprennent eux-mêmes les Sphériacées et les Nectriacées et on peut y joindre les Laboulbéniacées caractérisées par une sexualité plus évidente que celle des autres Ascomycètes.

Les Hyphomycètes enfin seront traités en appendice des Ascomycètes et nous verrons que certaines de leurs espèces ne sont que les formes conidiales de Sphériacées ou de Nectriacées.

Indépendamment des Oomycètes et des Ascomycètes j'aurais pu citer quelques Basidiomycètes, pour être complet, mais le parasitisme d'aucun d'entre eux ne m'a paru bien démontré, pas même celui d'une Clavariée décrite par PATOUILLARD, l'*Hirsutella entomophila,* récoltée sur un cadavre de Coléoptère, fixé à la face inférieure d'une feuille d'arbre. On peut se demander s'il s'agit d'un englobement accidentel de l'Insecte par le mycélium ou d'un cas de saprophytisme; en tous cas le parasitisme semble douteux.

FORMES LEVURES ET CHAMPIGNONS SYMBIOTIQUES DES TISSUS

On a signalé dans les tissus de nombreux Insectes, sous le nom de Levures, des organismes, dont les uns appartiennent sans doute véritablement aux Exoascées, et dont les autres, que l'on peut appeler formes levures, ne sont que des états transitoires de divers Champignons. On peut en rapprocher, du moins au point de vue physiologique, les corps décrits comme conidies d'*Isaria* par PORTIER. L'étude de tous ces végétaux n'est pas assez avancée pour qu'il y ait lieu de les répartir dans les groupes auxquels ils appartiennent, et, comme ils forment un tout biologique, il est préférable de ne pas les séparer dans cet exposé.

Parmi ces formes levûres, les unes sont pathogènes, comme le *Monospora cuspidata*, découvert par METCHNIKOFF dans les Cladocères du genre *Daphnia*, et à propos duquel ce zoologiste fut conduit à la découverte de la phagocytose (1). Mais la plupart se rencontrent normalement chez leur hôte, paraissent vivre en symbiose et sont transmises héréditairement. En 1889 KARAWAIEW fit connaître une Levûre se trouvant d'une façon constante dans les cellules épithéliales de l'intestin d'un Coléoptère, l'*Anobium paniceum*. Elle fut étudiée et décrite sous le nom de *Cryptococcus anobii* par ESCHERICH en 1900, et cet auteur la cultiva sur liquide sucré et sur gélatine, mais sans obtenir de sporulation. Elle se présente dans l'*Anobium* sous forme de cellules pyriformes, bourgeonnant par l'extrémité pointue, et donne en culture un faux mycélium à cellules en boudin.

En 1891 TRABUT observa une autre espèce (*Cryptococcus parasitaris*) dans des conditions bien différentes: elle vit à la sur-

---

(1) On trouve aussi des formes levures pathogènes chez les Insectes; telles sont celles que M. MARCHAL (communication verbale) a observées dans le sang des chenilles de Cochylis, et que nous avons eu l'occasion de revoir ensemble au laboratoire de Banyuls-sur-Mer. Il est bien probable qu'il s'agit là de parasitisme et non de symbiose, car toutes les Cochylis n'en contiennent pas, et celles qui en renferment paraissent malades.

face du corps du Criquet pèlerin (*Schistocerca peregrina*), mêlée aux conidies du *Fusarium (Lachnidium) acridiorum* GIARD.

Mais l'observation la plus ancienne d'une forme levûre dans les tissus des Insectes est sans doute celle de MONIEZ, qui décrivit en 1887, sous le nom de *Lecaniascus polymorphus,* une espèce rencontrée chez une Cochenille, *Lecanium hesperidum.* Le travail de MONIEZ ne paraît pas être venu à la connaissance de CONTE et FAUCHERON qui retrouvèrent, en 1907, des Levûres dans le corps adipeux, non seulement du *Lecanium hesperidum,* mais encore des *Lecanium hemisphaericum* et *oleae,* et de *Pulvinaria floccifera.* Ces Levûres ont un aspect différent dans chaque Cochenille et correspondent probablement à autant d'espèces distinctes.

Ils étudièrent surtout celle du *Lecanium hemisphaericum* qui abonde dans le tissu adipeux où elle se présente sous l'aspect de corps ovoïdes, bourgeonnants. En culture sur bouillon gélatiné, pomme de terre, carotte, jus de pruneaux, etc., elle végète sous la même forme de Levûre, sans sporuler, mais dans les vieilles cultures elles sont enkystées et entourées d'une épaisse membrane. Ils n'observèrent jamais de formations mycéliennes, pas plus dans la Cochenille que dans les cultures.

La Levûre, de grande dimension (en moyenne 26 μ), diminue beaucoup de taille dans les cultures (environ 8 μ); elle est constamment intra-protoplasmique et toujours très abondante dans le tissu adipeux. La pénétration ne peut se faire par voie digestive chez des Hémiptères qui ont le rostre continuellement implanté dans les tissus végétaux et se nourrissent exclusivement de sève, ni non plus à travers les téguments si épais. Il est évident que la transmission est héréditaire, et on retrouve la Levûre dans les œufs, immédiatement sous le chorion et parfois en plein vitellus.

CONTE et FAUCHERON, avec juste raison, ne considèrent pas ces organismes comme parasites, parce que tous les individus du *Lecanium* en contiennent, et que, quoiqu'ils soient en très grand nombre dans le corps adipeux, l'activité reproductive de la Cochenille n'en est pas diminuée. Il s'agit évidemment d'une association symbiotique dans laquelle la Levûre vit aux dépens du *Lecanium* et lui rend service en remplissant en partie les fonctions du corps adipeux très diminué chez l'Insecte, et en sécrétant des substances digestives.

PIERANTONI, en 1910, trouva une Levûre analogue chez une autre Cochenille, l'*Icerya purchasi*, la cultiva et prouva la transmission héréditaire par l'œuf. Lui aussi admet une symbiose entre l'Insecte et le Champignon. Tel est encore l'avis de SULC, qui, la même année, étudia de semblables levures chez plusieurs Pucerons et autres Hémiptères homoptères. Il suppose que la Levûre émet des substances bactéricides protégeant l'Insecte contre des infections microbiennes.

Récemment RUBY et RAYBAUD observèrent à nouveau la Levûre du *Lecanium oleae*. Ils la cultivèrent et obtinrent le Champignon de la fumagine de l'Olivier. Ils en conclurent que la fumagine était apportée sur les feuilles d'Olivier par là Cochenille elle-même et qu'elle en transmettait les germes par l'intermédiaire de ses excréments. Une telle hypothèse ne saurait être admise, car CONTE et FAUCHERON n'ont jamais obtenu de formations mycéliennes dans leurs cultures, et il est facile de comprendre comment on peut ensemencer presqu'à coup sûr la fumagine dans de semblables expériences, à moins d'opérer avec la plus rigoureuse asepsie.

Une étude complète de ces levures symbiotiques a été faite dans ces derniers temps par BUCHNER. Cet auteur a distingué différents cas : parfois, comme dans les Cochenilles, ce sont certaines cellules adipeuses qui abritent le Champignon. Rien ne les distingue des autres cellules, aussi Buchner les appelle-t-il des *mycétocytes facultatives*, par opposition aux *mycétocytes vraies* ou *obligatoires*, qui, chez d'autres Hémiptères, sont adaptées exclusivement à la même fonction. Les mycétocytes vraies peuvent rester éparses dans le corps graisseux ou bien se grouper pour former des organes que BUCHNER appelle *mycétomes*, peut-être par un abus de langage (1).

---

(1) Il eût été préférable de se servir d'un autre terme, celui du mycétome étant employé déjà pour désigner les tumeurs produites sous l'action de champignons pathogènes et ne pouvant guère être comparées au point de vue histologique aux organes qui nous occupent.

Chez certaines Cigales, notamment *Cicada orni,* espèce commune dans le midi de la France, le mycétome est constitué par une partie centrale, formée d'un syncytium bourré de formes levures, et entourée d'un revêtement de cellules épithéliales sans Champignons, mais contenant des grains de pigment.

Il arrive aussi que le même Hémiptère peut héberger deux espèces distinctes de Champignons; l'un d'entre eux peut alors être logé dans un mycétome, l'autre dans des mycétocytes facultatives. Dans d'autres cas, par exemple chez une Cicadelle, *Ptyelus lineatus,* il y a deux mycétomes, de taille inégale, renfermant chacun un Champignon différent. Chez certains Psyllides les deux espèces sont réunies dans le même organe, l'une au centre, l'autre à la périphérie. D'autres Psyllides contiennent même trois Champignons symbiotiques, soit tous trois réunis dans un seul mycétome, soit deux seulement, le troisième habitant des mycétocytes.

Dans tous les cas l'infection est héréditaire et les Champignons pénètrent dans l'œuf (ou parfois, plus tardivement, dans l'embryon, chez les Aphidiens vivipares). L'émigration dans les gaines ovariques, et de là dans les ovules, peut se produire de diverses façons: les mycétocytes peuvent se rompre et les Champignons qu'elles renferment sont libérés dans le sang; ils traversent en grand nombre les cellules folliculaires qui entourent l'œuf et s'insinuent dans celui-ci, soit par un pôle soit par l'autre, suivant les cas. Chez les Insectes disymbiotiques, à mycétomes, il se forme dans ceux-ci des sortes de kystes qui éclatent au moment de la maturité sexuelle et déversent leur contenu dans le sang; ils pénètrent ensuite dans l'ovaire et dans l'œuf, et les cellules folliculaires qui leur ont livré passage opposent ensuite une barrière aux nouveaux arrivants.

CHATTON a décrit récemment, sous le nom de *Coccidiascus Legeri,* une Levure qu'il a trouvée dans les cellules intestinales de la Mouche des vinaigreries (*Drosophila funebris*). Elle se multiplie par bourgeonnement et aussi par ascospores, qui sont au nombre de huit pas asque. Le nom générique provient de la forme étroite et arquée des spores qui sont agencées dans l'asque à la façon des *Eimeria* de Coccidies. Il s'agit ici de parasitisme et non de symbiose.

D'autres Champignons que les Levures peuvent vivre en symbiose dans les tissus des insectes (1). Portier a découvert, dans la Chenille de *Nonagria typhae*, des conidies fusiformes qui envahissent les cellules de l'épithelium digestif, le corps adipeux, les muscles, et se répandent dans le sang où elles sont finalement incorporées par les leucocytes et digérées. Elles sont constamment accompagnées d'un Microcoque dont il est difficile de les séparer dans les cultures.

Portier montra que ces conidies se retrouvent dans les excréments de la chenille et qu'elles passent dans l'œuf où on les retrouve surtout au centre, entre les sphérules de vitellus (2). L'infestation est donc héréditaire.

Les conidies persistent vivantes dans la nymphe et dans l'Insecte parfait. Pour Portier, le Microcoque secréterait une diastase capable de solubiliser la cellulose, les conidies se nourriraient de la substance mise ainsi à leur disposition et après avoir été digérées par les phagocytes, serviraient elles-mêmes à la nutrition de l'Insecte. Tout ceci est très comparable à ce que l'on a déjà observé pour les Levûres des Cochenilles; il y a cependant une complication de plus du fait de la présence du Microcoque.

Mais les observations de Portier ne s'arrêtent pas là, et le conduisent à admettre des faits qui, au premier abord, semblent paradoxaux. Tant que l'Insecte est en vie, le Champignon ne se multiplie qu'à l'état de conidies fusiformes. S'il meurt, ces conidies peuvent germer et donner des filaments mycéliens qui traversent le tégument et donnent des spores à l'extérieur.

Les conidies, en culture artificielle, donnent également naissance à un mycélium sporifère. Portier n'a, très malheureusement, pas pris la peine de déterminer son Champignon; il le considère simplement comme une *Isaria,* sans spécifier davan-

---

(1) Chez les Blattes et divers Pucerons, ce sont des Bactéries que l'on trouve dans le tissu adipeux.
(2) On peut comparer avec les corpuscules de Blochmann.

tage. On sait que le terme d'*Isaria* ne signifie rien, et doit être entendu dans le cas actuel au sens très général de Mucédinée. Ce nom d'*Isaria,* choisi par PORTIER est regrettable, parce que les Mucédinées entomophages étaient confondues par les anciens naturalistes sous cette dénomination vague d'*Isaria,* ce qui lui a permis, en jouant sur les mots, de commettre une confusion. Il conclut, en effet, que les *Isaria,* considérées comme les plus grands ennemis des Insectes, leur sont au contraire de précieux alliés, et que ceux qui vivent de substances ligneuses, tout au moins, ne sauraient se passer de leur concours (1).

En réalité, il existe des Mucédinées très pathogènes pour les Insectes; elles appartiennent notamment aux genres *Beauveria* et *Spicaria.* Or nul n'a vu jusqu'à présent les conidies de ces Mucédinées vivre en symbiose dans les tissus d'aucune larve. Il n'est pas légitime de confondre sous la même dénomination des Champignons aussi différents et les figures que donne POR-TIER font supposer que les formes qu'il a cultivées appartiennent au genre *Fusarium* ou à des genres très voisins; elles n'ont, par conséquent, rien de commun avec les *Beauveria,* qui sont les vraies Isariées entomophytes au sens de GIARD. Ce dernier naturaliste aurait vraisemblablement placé les Champignons de PORTIER non loin de son *Lachnidium (Fusarium) Acridiorum,* dans ses Cladosporiées entomophytes, qui sont, comme on sait, très peu, et parfois nullement, pathogènes pour les Insectes qu'elles parasitent.

Les faits découverts par PORTIER n'en constituent pas moins l'apport le plus original et le plus nouveau à l'histoire des Champignons entomophytes qui se soit produit dans ces dernières années. Ils sont gros de conséquences et méritent d'être pris comme point de départ d'une série de recherches. Il apparaît aux yeux de l'auteur qu'aucune larve lignivore ne saurait subsister sans sa conidie symbiotique et le fait est qu'il retrouva

---

(1) Ceci est un bon exemple de l'erreur commise par les physiologistes qui prétendent se passer du secours de la morphologie. La systématique n'est sans doute qu'un instrument de travail aux mains des biologistes, mais un instrument indispensable.

ces corps dans une série de larves phytophages : Sésies, *Cossus,
Carpocapsa pomonella,* etc. Dans chaque espèce, les conidies
paraissent spécifiques et donnent en culture des Champignons
différents, quoique toujours de forme *Fusarium,* autant qu'on
en peut juger par les figures.

Si les conidies ne sont pas pathogènes, c'est, d'après PORTIER,
que l'organisme se défend par des sécrétions spéciales et il fait
remarquer que le liquide contenu dans les glandes annexes des
glandes séricigènes des *Cossus* entrave le développement de
certains Champignons, comme l'*Oospora cinnamomea.* Mais les
spores formées à l'air libre sur les filaments mycéliens tuent les
insectes si elles sont projetées sur le tégument. Des Chrysalides de Vanesses purent être infestées de cette façon. Ce fait
paradoxal n'est pas le moins curieux de ceux qu'a découvert
PORTIER, mais il ne suffit cependant pas pour confondre ces
Champignons avec d'autres groupes de Mucédinées, comme je
l'ai expliqué.

Si le terme d'Entomonastes, appliqué par GIARD aux Laboulbéniacées, ne saurait leur être conservé, puisque ce sont de
véritables parasites, il convient très bien en revanche aux Champignons symbiotiques, Levures d'ESCHERICH, de CONTE et FAUCHE-
RON, de PIERANTONI, *Fusarium* de PORTIER, etc., qui habitent l'organisme des insectes et y colonisent sans y apporter aucun
trouble.

LABOULBÉNIACÉES

La découverte des Laboulbéniacées n'est pas due à CHARLES
ROBIN comme le croient les mycologues, et ce n'est pas en 1853,
dans son traité des Champignons qui croissent sur l'homme et
les animaux, qu'en fut faite la première mention. Dès 1852
ROBIN lui-même décrivit sa *Laboulbenia Rougeti* à la Société de
Biologie. Mais deux ans auparavant, AUGUSTE ROUGET découvrait
la même espèce sur des Coléoptères du genre *Brachinus,* la
signalait et en donnait des figures dans le bulletin de la Société
entomologique de France. C'est donc l'entomologiste dijonnais,
observateur consciencieux et perspicace, trop peu connu au-

jourd'hui, qui fut le véritable père des Laboulbéniacées, et c'est grâce au matériel que LABOULBÈNE et lui envoyèrent à CHARLES ROBIN, que ce dernier auteur put étudier plus soigneusement ce curieux parasite et jeter les fondements d'un groupe qui compte aujourd'hui près de cinquante genres et plusieurs centaines d'espèces.

Toutes les Laboulbéniacees actuellement connués sont parasites des Insectes et des Acariens. Elles sont formées d'un thalle ou réceptacle, quelquefois composé d'un petit nombre de cellules, fixé sur le tégument de l'hôte par une cellule basale noire, appelée pied. Le réceptacle porte les organes femelles ou périthèces et les filaments ou appendices, les uns stériles, les autres donnant naissance aux organes mâles ou anthéridies.

Les spores sont toujours des ascospores formées dans les asques contenus dans le périthèce; il n'existe pas de conidies chez les Laboulbéniacées. Les spores sont hyalines et fusiformes, presque toujours bicellulaires, très rarement mo-

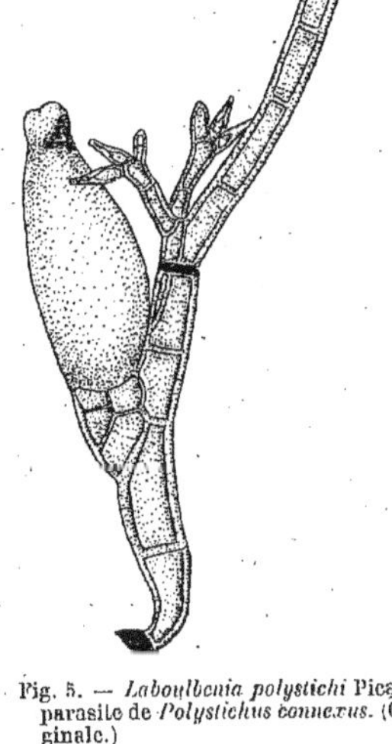

Fig. 5. — *Laboulbenia polystichi* Picard, parasite de *Polystichus connexus*. (Originale.)

nocellulaires comme dans le genre *Amorphomyces*. Les deux cellules sont généralement inégales, la basale, c'est-à-dire celle qui est dirigée vers le sommet du périthèce, sera expulsée la première et se fixera à la chitine de l'Insecte, étant le plus souvent la plus grande des deux. Dans certains genres aquatiques comme *Ceratomyces*, *Helodiomyces* et *Zodiomyces*, la cellule basale est au contraire la plus courte. La spore est toujours entourée d'une gaine gélatineuse élargie du côté basal et qui doit faciliter l'adhérence avec le tégument de l'insecte.

Les asques sont, suivant les genres, octo ou tétrasporés. La paroi de l'asque se résorbe dans le périthèce avant l'expulsion, et les spores sont le plus souvent émises par paires. Lorsqu'il s'agit d'espèces dioïques chaque paire est composée d'une spore mâle et d'une femelle qui germent au même point, ce qui a pour effet d'assurer la fécondation. Chez les Laboulbéniacées monoïques, les spores sont le plus souvent aussi expulsées par paires et il arrive chez certaines espèces, qu'après un début de germination, l'un des deux individus subit un arrêt de croissance et reste petit et sans organes sexuels à côté de l'autre bien développé. C'est ce que THAXTER a observé pour *Laboulbenia inflata* parasite des *Bradycellus*, et j'ai constaté que le fait était constant chez *Laboulbenia marina*, la seule espèce marine connue, que j'ai découverte sur l'*Æpus robini*. Ce phénomène ne se produit pas, il est vrai, chez les formes dioïques, mais il faut remarquer que l'individu mâle est constamment plus petit et moins développé que l'individu femelle. Il arrive aussi quelquefois, chez quelques formes typiquement monoïques, comme les *Stigmatomyces*, que l'un des deux individus germant au même point reste partiellement atrophié et que ses anthéridies seules se développent. Il y a là une étape vers la dioïcité.

Si la spore tombe sur un Insecte, elle y adhère par son extrémité basale et la germination s'annonce par le noircissement de cette base. Ce n'est cependant pas le contact avec la chitine qui détermine ce noircissement; la cause en paraît interne car il peut se produire chez des spores encore incluses dans le périthèce et dont l'émission a été retardée ou empêchée pour une raison quelconque. C'est cette partie noircie de la spore qui donnera le pied ou organe fixateur.

Peu après la spore se segmente, et par une série de cloisonnements successifs, donnera le réceptacle, les appendices et les organes sexuels. Chez beaucoup de genres, par exemple chez les *Laboulbenia*, la cellule basale de la spore produira le périthèce,

la cellule distale donnéra les appendices et les anthéridies. Il y
a donc dans chaque spore, une cellule mâle et une cellule femelle.
Mais chez d'autres, comme *Dimorphomyces, Dimeromyces, Trenomyces,* etc., les organes des deux sexes naissent de la cellule
basale, la cellule distale restant stérile et ne se segmentant souvent pas. La spore se compose donc, dans ce cas, d'une cellule
sexuée et d'une cellule stérile. Il faut ajouter que les genres
que j'ai cités sont dioïques, de sorte que chaque cellule basale
ne possède qu'un sexe. Enfin, dans un troisième cas, la cellule
basale est douée des deux sexes, et produit chez le même individu les périthèces et les anthéridies comme chez les *Rickia,* les
Dichomyces et les *Peyritschiella.*

Les éléments sexuels mâles ou anthérozoïdes peuvent être
d'origine exogène ou endogène. La première catégorie ne renferme que des genres aquatiques: *Zodiomyces, Ceratomyces,
Coreomyces,* etc., à l'exception d'un seul genre terrestre, *Euzodiomyces,* parasite des *Lathrobium.* Chez ces genres, certains
appendices portent de courts bâtonnets qui se détachent lorsqu'ils sont mûrs et se fixent sur le trichogyne; il n'y a donc pas
d'anthéridies. Chez tous les genres terrestres autres que les
Euzodiomyces et chez quelques aquatiques comme *Hydraeomyces* et *Chitonomyces,* les anthórozoïdes ont une origine endogène et se forment dans des organes spéciaux ou anthéridies.
Ces anthéridies peuvent être simples, c'est-à-dire ne comprendre qu'une seule cellule, ou composées.

Les anthéridies du type simple ont une organisation très uniforme dans les divers genres où on les rencontre (*Laboulbenia,
Rhachomyces, Rhadinomyces, Idiomyces,* etc.). La cellule unique qui les constitue est renflée à la base et s'effile à l'extrémité
en un col plus ou moins long, ce qui lui donne l'aspect d'une
bouteille ou d'un matras. Le cytoplasme contenu dans le ventre
de l'anthéridie pénètre dans le col où il s'étire et se divise en
fragments qui sont les anthérozoïdes, finalement expulsés par le
pore qui termine le col.

Les anthéridies simples sont placées sur les appendices en
séries définies, soit en une seule rangée longitudinale, comme

chez les *Stigmatomyces*, soit en trois comme chez les *Idiomyces*, ou même en quatre comme chez les *Arthrorhynchus*. Dans d'autres genres les anthéridies peuvent être disposées irrégulièrement sur les appendices, mais le plus souvent près de la base de

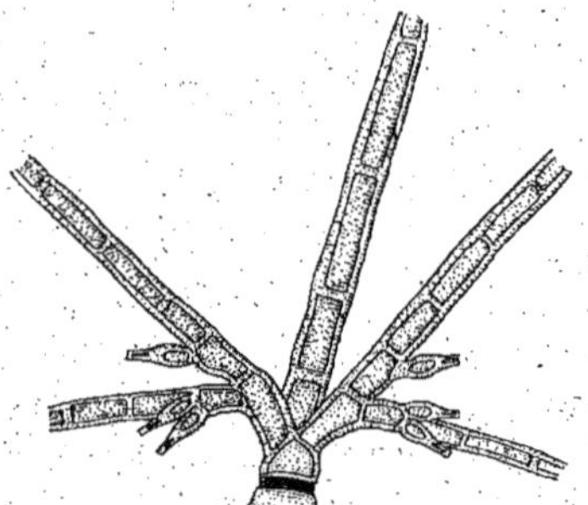

Fig. 6. — Base des appendices de *Laboulbenia*, montrant la disposition des anthéridies. (Originale.)

ceux-ci. Tel est le cas de certaines espèces de *Laboulbenia*, notamment *L. flagellata* PEYRITSCH.

Les Anthéridies composées sont beaucoup plus variées dans leur organisation. Dans les genres *Trenomyces* et *Dimorphomyces*, cet organe se compose de plusieurs cellules accolées dont chacune a la même conformation qu'une anthéridie simple; mais les anthérozoïdes, après leur émission, tombent dans une cavité qui forme la base d'un long col d'émission commun à toutes les cellules. L'anthéridie des *Peyritschiella* et des *Dichomyces* est du même type, mais le col secondaire, moins effilé, est moins distinct du reste de l'organe.

Un autre type d'anthéridie composée, qui se rencontre chez les *Cantharomyces* et les *Haplomyces*, consiste en un grand nombre de petites cellules disposées comme un rayon de miel. Elles entourent une cavité centrale où tombent les anthérozoïdes qui sont expulsés ensuite par un pore latéral sans col secondaire.

Si les organes mâles tirent leur origine, suivant les genres, tantôt de la cellule basale, tantôt de la cellule distale de la spore, il n'en est pas de même des organes femelles ou périthèces qui sont toujours issus de la basale.

Le périthèce se forme toujours par un cloisonnement latéral d'une cellule du réceptacle, qui est généralement la seconde à partir de la base, ou subbasale, par exemple chez les *Laboulbenia*, les *Stigmatomyces*, etc. Ce cloisonnement donne d'abord deux cellules, la terminale et la basale, dont la destinée est bien différente. La terminale donnera tout le contenu du périthèce, la seconde produira la paroi du même organe, après avoir proliféré et enveloppé la première.

Le périthèce jeune, avant la fécondation, contient trois cellules principales : le trichogyne, la cellule trichophore et la cellule carpogène.

Le trichogyne, inséré au sommet du périthèce, est généralement filamenteux, mais il peut varier beaucoup de forme et de dimensions. Il est latéral et en forme de bec obtus chez *Trenomyces*; celui des *Peyritschiella* est un court bâtonnet terminé en forme de bouton; chez les *Stigmatomyces* il est plus allongé, droit, ni ramifié ni cloisonné; les *Amorphomyces* possèdent un trichogyne unicellulaire, mais ramifié en de nombreuses branches; celui des *Laboulbenia* est souvent aussi ramifié, mais multisepté.

Si les anthérozoïdes, après leur émission, rencontrent le trichogyne, ils y restent accolés et la fécondation s'accomplit. Quoique les phénomènes intimes n'en aient pas été observés, on constate qu'elle est suivie de la chute rapide du trichogyne, lequel laisse ordinairement une cicatrice sur le côté interne du périthèce et non au sommet. En effet, le bord latéro-externe de cet organe se développe plus rapidement que l'interne après la fécondation, de sorte que son ostiole, située au sommet, n'occupe pas l'ancien emplacement du trichogyne.

En même temps la cellule carpogène entre en division et se cloisonne deux fois pour donner l'ascogone, compris entre deux cellules de soutien. C'est cet ascogone qui sera l'origine des asques; il pourra se segmenter à son tour, pour donner un certain nombre de cellules ascogènes. De ces cellules ascogènes dérivent, par une série de clivages successifs, les asques, qui s'étagent en piles, les plus éloignés étant les premiers formés et les plus près de la maturité. Il n'existe qu'une cellule ascogène dans les genres *Peyritschiella, Trenomyces, Sphalaeromyces, Amorphomyces,* etc. ; il y en a deux chez les *Laboulbenia,* quatre chez les *Stigmatomyces,* huit chez les *Haplomyces,* et au moins vingt-deux dans le genre *Polyascomyces.*

Dans presque tous les genres, chaque cellule ascogène donne naissance à deux séries parallèles d'asques, et il n'y a guère d'exception que dans le genre *Moschomyces* dont l'unique et grosse cellule ascogène produit un nombre énorme d'asques en multiples séries verticales.

La rapidité du développement est assez grande et la majorité des espèces demande deux à trois semaines pour accomplir toute son évolution depuis la germination de la spore jusqu'à la maturation des asques. THAXTER et PEYRITSCH ont expérimenté sur *Stigmatomyces Baeri* (KNOCH) de la Mouche domestique et reconnu que la croissance complète durait de 10 à 15 jours. J'ai constaté que le même laps de temps était nécessaire aux *Laboulbenia* en faisant cohabiter des *Bembidium* indemnes avec des individus infestés par *L. vulgaris* PEYRITSCH, et en élevant des *Brachinus* parasités par *L. Rougeti* ROBIN.

La longévité paraît considérable et THAXTER est d'avis que la vie du parasite dure autant que celle de l'hôte. Il est certain que les cellules ascogènes peuvent fonctionner pendant fort longtemps et qu'à mesure que les spores sont expulsées il s'en produit de nouvelles. Les individus dont la maturité a commencé à l'automne semblent traverser l'hiver dans un état d'activité ralentie et recommencent à donner des spores au printemps et en été. Le nombre des spores que produit un seul individu doit donc être énorme.

Le mode de fécondation des Laboulbéniacées est très comparable à celui des Floridées. KARSTEN est le premier qui l'ait compris et, dès 1886, il soutenait contre DE BARYE et PEYRITSCH que les Laboulbéniacées n'étaient pas des Ascomycètes. Ses arguments ont perdu une partie de leur valeur aujourd'hui que les travaux de HARPER et d'autres naturalistes ont bien démontré que chez certains Ascomycètes indéniables, tels que les *Sphaerotheca*, la formation des asques est précédée d'une fécondation hétérogamique se produisant par l'intermédiaire d'un véritable trichogyne. Si même l'on admettait avec DANGEARD que cette fécondation n'est qu'apparente et n'a qu'une signification ancestrale, opinion d'ailleurs bien singulière, on n'en devrait pas moins voir là quelque chose de comparable à ce qui se passe chez les Laboulbéniacées. VUILLEMIN n'est pas loin de croire que les hypophodies mucronées des Meliolées et les endoconidies des *Pyxidiophora* sont en réalité des organes mâles, ce qui serait encore une preuve de la parenté des Laboulbéniacées avec les Ascomycètes.

Les Floridées ne présentent, d'ailleurs, rien d'analogue à l'asque. Il n'y a pas lieu de discuter ici si l'origine des Champignons doit être considérée comme mono ou polyphylétique, mais on peut dire que la connaissance du mode de reproduction des Laboulbéniacées et du genre de vie aquatique, quelquefois même marin (1), ou tout au moins fortement hygrophile, de la plupart d'entre elles, est un puissant argument pour qui admet des affinités ancestrales entre les Ascomycètes et les Algues rouges.

Les hôtes des Laboulbéniacées sont tous des Insectes, à l'exception de quelques *Dimeromyces, Rickia* et *Laboulbenia* (*L. armillaris* BERLESE et *Napoleonis* BACCARINI) qui vivent sur des Acariens, spécialement des Gamasides. Les hôtes les plus fréquents sont des Coléoptères, et parmi eux, surtout les Carabides et les Staphylinides. Les Dytiscides, Gyrinides, Hydrophilides, Parnides et autres Insectes d'eau, sont, eux aussi, très fréquemment parasités. Presque tous les autres ordres présentent quelques cas de parasitisme, mais en bien moins grand nombre que les Coléoptères. Parmi les Diptères, on

---

(1) Le parasitisme d'une *Laboulbenia* aux dépens de Carabides marins comme les *Æpus* est toutefois à n'en pas douter une adaptation secondaire. Le genre *Laboulbenia* ne pourrait, d'ailleurs, dans aucun cas, être considéré comme primitif.

trouve des Laboulbéniacées chez les Muscides et chez les Nyctéribies. Les Orthoptères sensu - lato (c'est - à - dire y

Fig. 7. — *Platynus marginatus* couvert de *Laboulbenia flagellata* Peyritsch (Originale).

compris les Dermaptères, Pseudo-névroptères et Mallophages) servent d'hôtes aux *Herpomyces* (Blattes), à certains *Dimeromyces* (Forficules), aux *Trenomyces* (Mallophages), à une *Laboulbenia* (Termites). Chez les Hyménoptères, les Fourmis seules sont sujettes à l'attaque d'une *Laboulbenia* et d'une *Rickia*. Les *Coreomyces* sont spéciaux aux Hémiptères aquatiques du genre *Corixa*. Les Lépidoptères et les Névroptères vrais sont donc les seuls ordres d'Insectes sur lesquels on ne connaisse pas de Laboulbéniacées et il y a peu de chances que l'on en trouve jamais, comme je le démontrerai.

La spécificité parasitaire des Laboulbéniacées est généralement très grande et, en tous cas, bien supérieure à celle d'autres Champignons présentant cependant une certaine spécificité, comme les *Cordyceps* ou les Entomophthorées. On doit entendre cependant, que chaque espèce est spéciale, non pas à une seule espèce hôte, mais à un genre ou même à plusieurs genres voisins. Il y a même des degrés dans cette spécialisation : *Laboulbenia flagellata* PEYRITSCH se rencontre chez la plupart des *Platyni, Platynus, Laemostenus*, etc. ; *Laboulbenia vulgaris* PEYRITSCH attaque tous les *Bembidium*, mais ne sort pas de ce genre. Enfin j'ai trouvé l'*Hydrophilomyces digitatus* PICARD sur l'*Ochtebius marinus* PAYKULL et sur cette seule espèce, dont presque tous les individus étaient parasités, alors que d'autres *Ochtebius, pygmaeus*, etc., qui se trouvaient mélangés au précédent, étaient tous indemnes. Ce fait semble prouver, sinon que la spécificité est absolue dans ce cas, au moins que l'*Ochtebius marinus* convient mieux que ses congénères au développement d'*Hydrophilomyces digitatus*.

Il existe cependant des exemples d'une même espèce attaquant des hôtes relativement éloignés. On trouve *Laboulbenia fasciculata* PEYRITSCH sur deux Carabides bien différents, *Chlaenius vestitus* PAYK. et *Omophron limbatum* L. Il est vrai qu'on peut alors se demander s'il ne s'agit pas de races biologiques inféodées chacune à un hôte particulier et incapables de s'adapter à l'autre. Des essais que j'ai faits pour infester des *Chlaenius*, en partant des individus croissant sur les *Omophron*, et réciproquement, ont, en effet, été négatifs, tandis qu'il est facile de contaminer un insecte indemne avec un hôte parasité de la même espèce.

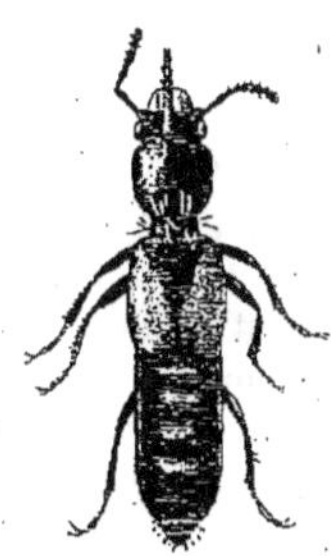

Fig. 8.— *Bledius spectabilis* portant des *Misgomyces Lavagnei* Picard, à la jonction du prothorax et des élytres. (Originale).

On a dit que les Insectes se contaminaient entre eux surtout au moment de l'accouplement. Ce mode de contage peut certainement entrer en ligne de compte, mais il n'a qu'une bien faible importance, car s'il était le seul ou le principal, la postérité du Champignon s'éteindrait bientôt, la plupart des Insectes ne s'accouplant qu'un petit nombre de fois, certains même une seule fois. Un individu ne pourrait donc en contagionner qu'un autre de sexe opposé, lequel aurait des chances de n'en contagionner aucun. On devrait d'ailleurs, s'il en était ainsi, trouver constamment le parasite à la face dorsale de la femelle et à la face ventrale du mâle, dans les groupes comme les Carabides, les Dysticides, les Muscides, où le mâle est juché sur le dos de la femelle pendant l'acte sexuel. Or on ne remarque rien de semblable. Chez les Insectes qui, comme beaucoup de Staphylinides et de Blattides, s'accouplent en se plaçant bout à bout, et chez lesquels le contact est réduit par conséquent au minimum, les chances de contamination seraient aussi faibles que possible. Le passage d'un hôte à l'autre se fait donc plus simplement par contact d'individus de sexe quelconque rassemblés en foule sous le même abri ou autour d'une même proie. Ce sont, en effet, les insectes que l'on trouve en très grande quantité sur un petit espace qui sont le plus abondamment parasités, par exemple les *Brachinus* qui vivent en colonie sous la même pierre, les *Bembidium*, les Staphylins qui pullulent dans les détritus, les Mouches, les Blattes, etc.

Les Laboulbéniacées ne se développent que sur les insectes vivants. Il est très facile d'en infecter artificiellement par cohabitation avec des individus de même espèce parasités, tandis qu'on ne parvient jamais à faire germer le Champignon sur des cadavres, des débris d'élytres, etc. Aucune culture sur milieu artificiel n'a encore été suivie de succès. On conçoit qu'un milieu convenable soit difficile à trouver lorsque l'on connaît la grande spécificité de ces parasites, évidemment corrélative de très strictes exigences dans les conditions de vie. On ne voit d'ailleurs pas quels faits nouveaux de telles cultures pourraient fournir et celles que l'on peut faire sur des Insectes vivants sont suffisantes pour les besoins de l'étude.

On n'a trouvé de Laboulbéniacées que sur les Insectes adultes; il n'y a d'exception que pour certains *ametabola* comme les Mallophages, chez lesquels l'adulte et la larve ne diffèrent guère que par la maturité des produits sexuels et mènent le même genre d'existence.

Le parasitisme aux dépens d'une espèce donnée d'Insecte nécessitera trois conditions primordiales, qui sont les suivantes:

1°. Une vie de l'hôte en milieu aquatique ou tout au moins très humide. Les espèces xérophiles ne sont, en effet, jamais parasitées. Cette condition paraît souffrir des exceptions chez des insectes qui vivent éloignés du bord de l'eau, par exemple les Mallophages des genres *Menopon* et *Goniocotes* qui hébergent le *Trenomyces histophthorus*. Mais le plumage des oiseaux constitue au contraire un habitat humide, et surtout dans lequel l'humidité se maintient constante, ce qui est très important. On peut en dire autant des *Rhachomyces* et de *Laboulbenia subterranea*, qui vivent aux dépens des *Aphaenops* et des *Anophtalmus*, dans les cavernes, dont l'atmosphère conserve une teneur en vapeur d'eau peu variable; le cas est le même encore pour les *Arthrorynchus* parasites des Nyctéribies, qui se trouvent enfouies dans le pelage des Chauve-souris.

La présence du sel marin paraît favorable aux Laboulbéniacées, ou tout au moins à beaucoup d'entre elles. Le bord de la mer et des étangs salés est très riche en espèces dont beaucoup sont spéciales aux Insectes halophiles: *Pogonus, Dyschirius, Dichirotrichus, Bledius, Cafius,* etc. Les formes aquatiques, comme les *Hydraeomyces* des *Haliplus,* se trouvent aussi bien dans les eaux saumâtres que dans les eaux douces. Enfin les *Æpus,* animaux marins, hébergent une *Laboulbenia.*

2° Les hôtes devront être rassemblés en grande quantité sur de petits espaces, ce qui aura pour effet d'augmenter les chances de contagion. C'est ce qui se produit chez les espèces sociales, Fourmis et Termites, ou chez les espèces grégaires, *Brachinus, Platynus,* etc. On peut remarquer que dans les familles qui sont le plus sujettés à l'attaque des Laboulbéniacées, comme les Carabides et les Dytiscides, les espèces dont les individus vivent solitaires sont toujours indemnes; tels sont les *Carabus,* les *Cychrus,* les *Scarites,* les *Dytiscus,* etc. Parmi les Diptères, ce sont les Mouches domestiques, les Drosophiles, qui fréquentent parfois les mêmes lieux par myriades, qui présentent les cas de parasitisme les plus fréquents.

3° Les Laboulbéniacées, n'infestant que les adultes, ne pourront se perpétuer que sur des espèces chez lesquelles il y a contact entre les imagos des générations successives. Deux sortes d'Insectes présentent cette condition: ceux chez lesquels le développement est rapide et les générations annuelles multiples, comme les *Musca,* les *Drosophila,* etc., dont les imagos se rencontrent pendant la majeure partie de l'année, et les espèces pérennes, dont les adultes passent l'hiver et ne meurent qu'après être entrées en contact avec leurs descendants, comme c'est le cas chez beaucoup de Carabides et d'aquicoles.

On voit ainsi qu'il serait inutile de faire porter les recherches sur des Insectes ne réalisant pas l'une ou l'autre de ces trois conditions; on serait assuré de ne jamais les trouver infestés. On ne rencontre pas, et on ne rencontrera jamais, de

Laboulbéniacées sur les Hannetons (1), les Libellules, les Papillons, parce que ces animaux n'apparaissent à l'état d'imago que pendant une trop courte période et que les différentes générations sont séparées par de longs intervalles. On conçoit aussi comment, parmi les Byrrhides et les Hétéromères, les seuls genres parasités ou à peu près soient les *Limnichus* et les *Anthicus,* parce que ce sont presque les seuls dont les habitudes hygrophiles soient compatibles avec l'existence des Laboulbéniacées.

Inversement, on peut prévoir que ces Champignons doivent exister chez les Psélaphides, les Elmides, les Scydménides, chez lesquels ils n'ont pas encore été rencontrés, car ils remplissent les conditions précédentes. C'est en me guidant sur ces considérations que j'ai découvert le genre *Helodiomyces* chez les Parnides qui, jusqu'à présent, n'étaient pas connus comme hôtes de Laboulbéniacées.

Dans la majorité des espèces, les Champignons peuvent être placés sur un point quelconque du tégument, mais il n'en est pas toujours ainsi et l'on observe parfois des stations remarquables, par exemple celle des *Herpomyces* qui se fixent aux poils antennaires des Blattes, et des localisations asymétriques comme le dessus de l'élytre droite des *Haliplus,* pour les *Hydraeomyces,* la moitié postérieure de la marge externe de l'élytre gauche, pour les *Chitonomyces melanurus* et *paradoxus* des *Laccophilus,* la face inférieure de l'élytre gauche, pour l'*Hydrophilomyces digitatus* de l'*Ochtebius marinus.* Cette asymétrie, qui se rencontre presque toujours chez des formes aquatiques, n'a pas encore reçu d'explication satisfaisante.

Les Laboulbéniacées sont de véritables parasites des insectes; il ne saurait être question de simple commensalisme ou de phorésie. GIARD avait partagé les Champignons entomophytes en entomophages et en entomonastes, et c'est dans cette seconde catégorie qu'il rangeait les Laboulbéniacées. Cette distinction avait une raison d'être à son époque où l'on pouvait supposer que les Laboulbéniacées n'avient avec les Insectes que des rela-

---

(1) Contrairement à ce qu'affirme un des plus classiques de nos traités de Botanique.

tions de fixation et de transport et qu'elles tiraient leur nourriture du milieu extérieur, mais cette opinion n'est plus soutenable aujourd'hui.

Il est, en tous cas, un certain nombre de formes pour lesquelles le parasitisme n'est pas douteux. Ce sont celles chez lesquelles le pied ou cellule fixatrice, n'existe pas, mais est remplacé par un suçoir traversant le tégument et pénétrant dans les tissus de l'hôte. Cet organe se trouve chez certains *Rhizomyces* parasi-

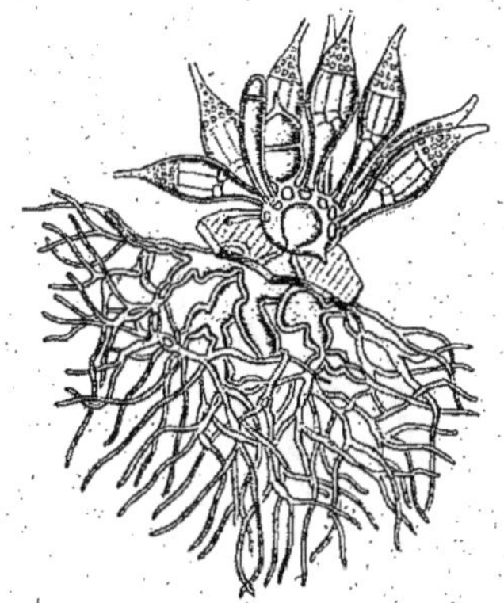

Fig. 9. — *Trenomyces histophthorus* Chatton et Picard, individu mâle avec son rhizoïde interne. (D'après Chatton et Picard.)

tes des *Diopsis*, chez quelques *Dimeromyces*, chez les *Arthrorynchus* des Nyctéribies, mais il est surtout très développé dans le *Trenomyces histophthorus* des *Menopon*, chez lequel CHATTON et moi l'avons étudié. Dans cette espèce, la cellule basale envoie à travers la chitine un prolongement qui se renfle en dessous en un bulbe volumineux, lequel donne naissance par dichotomie à un chevelu de ramifications se terminant par des filaments très fins. Ce rhizoïde interne, aussi développé que l'appareil externe, est continu, sans cloisons, et n'a pas, par conséquent, la valeur d'un mycélium.

　　　　　　　　　　　F. PICARD

Le rhizoïde se ramifie exclusivement dans le corps adipeux et respecte tous les autres organes du *Menopon*. Il est très facile de distinguer les nappes adipeuses attaquées, car elles dégénèrent, les globules graisseux disparaissent, la chromatine des noyaux se condense et finit par être détruite, les cellules deviennent confluentes et la masse entière prend un aspect caséeux.

Le suçoir est un organe adaptatif d'origine récente et on

Fig. 10. — *Trenomyces histophthorus*, individu femelle dont le rhizoïde n'est pas représenté. (D'après Chatton et Picard.)

trouve dans le même genre, par exemple *Rhizomyces et Dimeromyces*, des espèces dont les unes en sont pourvues tandis que les autres n'ont aucun organe de pénétration interne. Les deux sortes d'appareils, pied et rhizoïde, peuvent même coexister,

comme chez les *Herpomyces* qui sont fixés à leur support par
une cellule basale noircie du type ordinaire, mais dont les cellules du réceptacle envoient de fins suçoirs pénétrer dans le
tégument. Il est à remarquer que, dans ce genre, les individus
femelles seuls possèdent des suçoirs. Il n'est pas admissible
que dans la même espèce les individus femelles seuls soient
parasites tandis que les mâles ne le seraient pas, et on est dès
lors forcé de considérer le pied comme un appareil d'absorption
aussi bien que de fixation.

CAVARA a supposé que le trichogyne et les appendices stériles
avaient un rôle absorbant et que c'était par leur intermédiaire
que le Champignon tirait sa nourriture du milieu ambiant. Cette
opinion ne soutient pas l'examen et il est pour le moins singulier d'assigner une fonction d'absorption à un organe fugace et
caduc comme le trichogyne, qui disparaît justement au moment
où le périthèce commence à croître et où les asques se développent, c'est-à-dire quand l'individu doit assimiler la plus grande
quantité de nourriture. Les espèces sans suçoir se nourrissent
par l'intermédiaire du pied et rien ne permet de douter que le
parasite ne puisse hydrolyser la chitine, assez lentement pour
que les dégâts puissent se réparer à mesure par l'hypoderme
sous-jacent. Une telle hydrolyse, plus rapide et plus complète
il est vrai, a lieu lors de la germination et de la pénétration
du suçoir chez *Trenomyces* et cette propriété de digérer la chitine est sans doute générale chez les Laboulbéniacées. On doit
considérer le tégument des Insectes comme une substance com-
plexe très suceptible de fournir un aliment à des Champignons,
d'autant mieux que la fonction glycogénique de l'hypoderme a
été mise en lumière par les travaux de MIRANDE.

On pourrait admettre aussi que des suçoirs extrêmement fins,
plus encore que les suçoirs secondaires des *Herpomyces* parti-
raient du pied pour traverser la couche chitineuse, mais rien de
semblable n'a encore pu être mis en évidence.

Les Insectes sont généralement très résistants aux infections.
On voit des Vers à soie survivre, dont les tissus sont bourrés de
spores de *Nosema*, des chenilles atteintes de grasserie, dont le

sang charrie des myriades de polyèdres, ne périr qu'au moment
où les noyaux de presque toutes leurs cellules ont été détruits;
les larves qui meurent de muscardine ont leurs humeurs encom-
brées de filaments mycéliens, enfin les chenilles attaquées par
les Hyménoptères parasites résistent jusqu'au dernier moment
et il n'est pas très rare de les voir se transformer en adultes.
Il est donc à prévoir que les Laboulbéniacées n'amèneront pas
la mort de leurs hôtes. Même dans le cas des espèces à suçoirs,
le corps adipeux seul est atteint et aucun organe essentiel n'est
lésé. Il ne faudrait pas croire cependant que ces parasites soient
totalement inoffensifs. Outre la gêne que peut produire leur
affluence dans certaines régions, et surtout aux pattes, il semble
que les Insectes parasités soient plus lents à se mouvoir, moins
vifs et qu'ils périssent plus rapidement que les autres.

On divise les Laboulbéniacées en trois familles, d'après le
mode de formation des anthérozoïdes; ce sont: les *Ceratomycetinae* à anthérozoïdes exogènes, les *Laboulbeniaceae* à anthé
ridies simples, et les *Peyritschiellaceae* à anthéridies composées.
Je ne puis donner ici la caractéristique de tous les genres, ni
même citer toutes les espèces, et je me contenterai de signaler
celles qui sont les plus faciles à rencontrer en France, ou dont
le genre de vie est le plus intéressant.

Les *Ceratomycetinae* sont presque toutes aquatiques. Les plus
primitives ont un réceptacle massif, formé d'un très grand
nombre de cellules, portant de multiples périthèces entourés
d'un chevelu épais d'appendices. Tel est le genre *Zodiomyces*,
qui renferme une espèce de très grande taille, *Zodiomyces vorti-
cellarius* THAXTER, vivant à la face inférieure du corps des *Phi-
lhydrus*. Chez les *Euzodiomyces*, qui sont parasites des *Lathrobium*, le réceptacle est encore massif, quoique plus étroit, et les
périthèces sont répartis en longueur et non au sommet du thalle.

Dans d'autres genres, les cellules qui constituent le réceptacle
sont en plus petit nombre. Tels sont les *Ceratomyces* dont on
a décrit de nombreuses espèces spéciales aux Hydrophilides
d'Amérique, mais dont on ne connaît encore en France qu'un
seul représentant, *Ceratomyces aquatilis* PICARD, vivant sur

l'abdomen des *Hydrochous*. Le genre *Hydrophilomyces* à réceptacle composé d'une file linéaire de cellules superposées, est
représenté dans notre pays par *H. digitatus* Picard, parasite
d'*Ochtebius marinus* Payk., remarquable par les longues production digitiformes dérivées des quatre premières cellules du
réceptacle. L'*Helodiomyces elegans* Picard possède encore une
file de cellules surmontées d'un gros périthèce ovale dont l'ostiole est entouré de languettes formant par leur réunion une
sorte de bec ; ce genre vit sur les *Parnus*.

Les *Coreomyces,* intéressants par le mode de développement
endogène de leur périthèce, vivent sur les Hémiptères aquati-

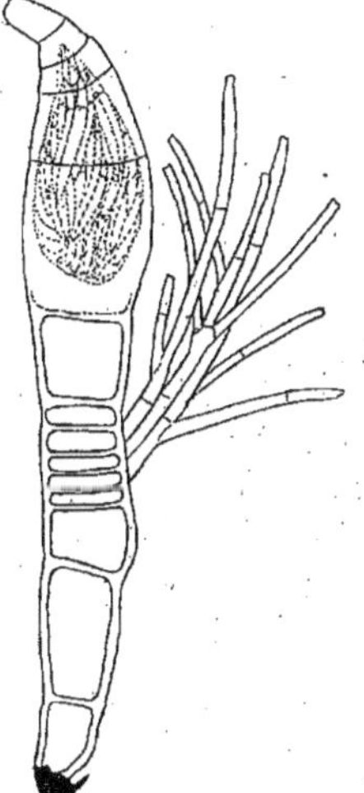

Fig. 11. — *Coreomyces corizae* Thaxter. (Originale.)

Fig. 12. — *Laboulbenia polyphaga* Thaxter, parasite d'*Acupalpus meridianus*. (Originale.)

ques du genre *Corixa*. *Coreomyces corizae* Thaxter est la seule
espèce française.

Parmi les *Laboulbeniaceae,* le genre le plus important est le
genre *Laboulbenia,* qui renferme à lui seul plus d'espèces que

tout le reste de la famille. Une *Laboulbenia* est constituée par un réceptacle de sept cellules portant un périthèce unique et des appendices dont les plus rapprochés du périthèce donnent les anthéridies simples. Les espèces, innombrables, vivent surtout sur les Carabides; certaines cependant sont spéciales aux Gyrinides, d'autres aux Staphylins, aux Acariens, aux Termites, etc. Les espèces les plus communes en France sont: *Laboulbenia Rougeti* ROBIN, la première décrite, très abondante partout sur les *Brachinus*, *L. flagellata* PEYRITSCH, des *Platynus* et des *Laemostenus*, *L. polyphaga* THAXTER, des *Acupalpus* et des *Bradycellus*, *L. fasciculata* PEYRITSCH, des *Chlaenius* et des *Omophron*, *L. slackensis* CÉPÈDE et PICARD, des *Pogonus*, *L. vulgaris* PEYRITSCH, des *Bembidium*, *L. polystichi* PICARD, des *Polystichus*, etc.

Sur les Staphylins, on trouve: *Lab. dubia* THAXTER, des *Philonthus*, *L. cristata* THAXTER, très commune sur les *Paederus*, *L. atlantica* THAXTER, sur les *Lathrobium*, etc.

Enfin il est facile de rencontrer *Lab. gyrinidarum* sur le bord des élytres des Gyrins.

Le genre *Stigmatomyces*, dont le réceptacle porte un seul périthèce et un seul appendice avec une rangée d'anthéridies, se rencontre surtout sur les Diptères: *St. Baeri* (KNOCH) vit sur la Mouche domestique et *St. entomophila* (PECK) sur les Drosophiles.

On admet généralement que les Mouches traversent la mauvaise saison soit à l'état de nymphes, soit à l'état de larves ou d'adultes, dans les endroits bien abrités. Cependant, dans un travail récent, SKINNER (1) assure que toutes les Mouches domestiques, sans exception, passent l'hiver sous forme de pupes et non autrement. Sans avoir fait aucune observation sur ce sujet, il est permis d'affirmer le contraire, le parasitisme des *Stigmatomyces* aux dépens des *Musca* n'étant possible qu'autant que des imagos infestés conservent le parasite d'une saison à l'autre. L'existence d'une Laboulbéniacée parasite chez *Musca do-*

---

(1) SKINNER (D' H.). How does the House-Fly pass the winter ? — *Entomol. news*. Philadelphia. XXIV, n° 7. July 1913, pp. 303-304.

mestica résout donc définitivement la question, sans qu'il soit nécessaire d'entreprendre aucune nouvelle recherche.

Les *Arthrorynchus* différent des *Stigmatomyces* par la présence d'un suçoir interne et par un mode d'insertion un peu différent des anthéridies sur l'appendice. On les trouve sur les Nyctéribies, Diptères sans ailes, qui vivent dans le pelage des Chauve-souris.

Le genre *Idiomyces* porte deux périthèces ou parfois davantage et trois rangées d'appendices stériles ou fertiles; les anthéridies sont alignées tout le long des appendices. *I. Peyritschi* THAXTER vit exclusivement sur les Staphylins du genre *Deleaster*. Les *Rhadinomyces* et les *Corethromyces* renferment également des espèces spéciales aux Staphylins, *Lathrobium*, *Stilicus*, *Cryptobium*, etc.

Chez les *Rhachomyces*, le réceptacle est formé de deux séries longitudinales de cellules, dont l'une porte le périthèce presque terminalement, et l'autre un grand nombre d'appendices généralement allongés et presque toujours d'un noir profond. Beaucoup de *Rhachomyces*, *R. aphaenopsis* THAXTER, *R. stipitatus* THAXTER, sont cavernicoles et vivent sur les *Anophtalmus* et les *Aphaenops*. On en trouve d'autres sur les Staphylins troglobies (*Glyptomerus cavicola* MÜLL.), ou lucicoles (*Lathrobium*, *Othius*, *Philonthus*, etc.).

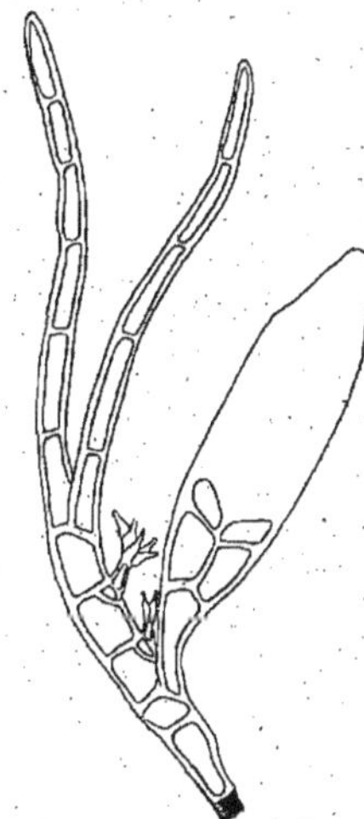

Fig. 13. — *Rhadinomyces pallidus* Thaxter, parasite de *Lathrobium multipunctatum*. (Originale.)

Les *Herpomyces* diffèrent de tous les genres précédents parce qu'ils sont dioïques. L'individu femelle, fixé par un pied de forme ordinaire, donne un réceptacle très développé sur lequel s'insèrent un certain nombre de périthèces. Chaque cellule du réceptacle envoie à travers la chitine de l'hôte de petits suçoirs très ténus. L'individu mâle, au contraire, bien moins volumineux, n'a pas de suçoirs. Ces *Herpomyces* sont spéciaux aux Blattides; les uns, comme *Herpomyces periplanetae* THAXTER, parasite du Cafard commun (*Periplaneta orientalis*), sont fixés exclusivement sur les fins poils des antennes; d'autres, comme *H. ectobiae* THAXTER, de la Blatte germanique (*Phyllodromia germanica*), vivent sur les épines des tibias.

Les *Dioicomyces*, également dioïques, sont dépourvus d'appendices et ont un réceptacle formé de trois cellules. L'individu mâle qui est toujours accolé à l'individu femelle est souvent fort petit, et ne porte qu'une seule anthéridie. *Dioicomyces endogaeus* PICARD vit sur un Carabide aveugle et à mœurs souterraines, l'*Anillus coecus* J. DUVAL.

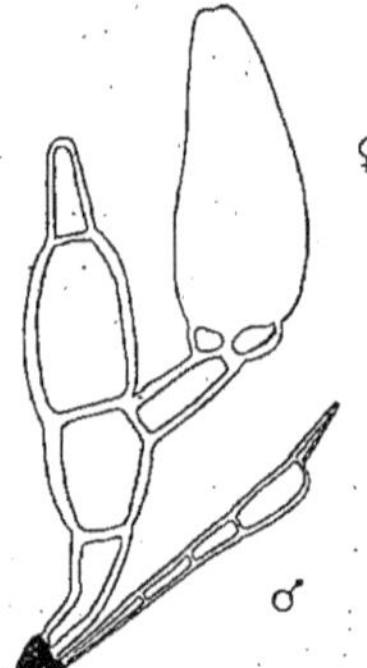
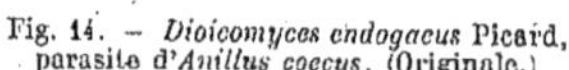

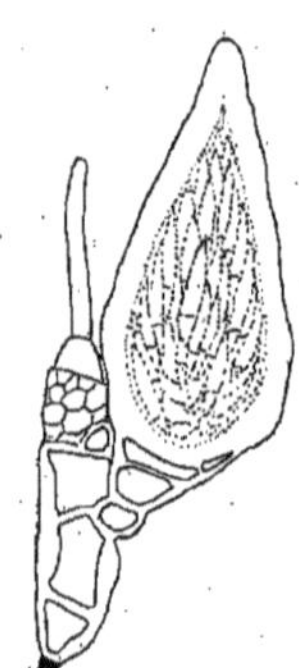

Fig. 14. — *Dioicomyces endogaeus* Picard, parasite d'*Anillus coecus*. (Originale.)

Fig. 15. — *Cantharomyces Bordei* Picard, parasite de *Limnichus sericeus*. (Originale.)

Les *Peyritschiellaceae*, à anthéridies composées, comprennent des formes monoïques et des formes dioïques. Dans les premiers, on peut citer le genre *Dichomyces*, à réceptacle composé de plusieurs assises de cellules superposées, terminées par deux périthèces symétriques. Toutes ses espèces, notamment *D. vul-*

gatus THAXTER, sont inféodées aux Staphylins du genre *Philonthus*.

Les *Peyritschiella* ne diffèrent guère des *Dichomyces* que par l'absence de symétrie. *P. protea* THAXTER est parasite des *Bledius, Oxytelus*, etc.

Le genre *Rickia*, voisin des précédents, est représenté en Europe par l'espèce *Rickia Wasmanni* CAVARA, parasite de la Fourmi *Myrmica laevinodis* NYLANDER.

Les *Chitonomyces*, à petit réceptacle portant un seul périthèce et un seul appendice, sont propres aux Dytiscides. On trouve en France *C. melanurus* PEYRITSCH et *paradoxus* PEYRITSCH, sur le bord de l'élytre gauche des *Laccophilus, C. hydropori* THAXTER, sur les *Coelambus*, et *C. bidessarius* THAXTER, sur les *Hygrotus*.

Le genre *Hydraeomyces*, très voisin du précédent, ne renferme qu'une espèce, *H. halipli* THAXTER, particulière aux Haliplides, *Haliplus* et *Cnemidotus*.

Les *Cantharomyces* ont un réceptacle à deux cellules superposées portant un seul périthèce et un seul appendice à la base duquel est une grosse anthéridie composée, s'ouvrant par un pore latéral. *Cantharomyces Bordei* PICARD existe sur un Byrrhide du bord des eaux, le *Limnichus sericeus*.

Les *Mysgomyces*, dont les espèces infestent les *Dyschirius* et les *Bledius*, ont des anthéridies caduques, disparaissant aussitôt après la fécondation; ils sont donc mal connus et le plus grand doute règne sur leur place exacte dans la classification.

Les *Peyritschiellaceae* dioïques, sont représentées en Europe par deux genres: *Dimeromyces*, dont les périthèces sont distribués en séries linéaires le long du réceptacle et dont les individus mâles, très réduits, ne portent qu'une seule anthéridie. *D. falcatus* PAOLI se trouve sur un Acarien, *Canestrinia dorcicola* var. *pentodontis* BERLESE, parasite lui-même d'un Coléoptère lamellicorne, le *Pentodon punctatus* L.

Le genre *Trenomyces*, outre son rhizoïde si développé, dont j'ai déjà parlé, se distingue par des organes sexuels se groupant en spirale autour de la cellule basale; le mâle possède de multiples anthéridies. *Trenomyces histophthorus* CHATTON et PICARD infeste les Mallophages (*Menopon pallidum* et *Goniocotes abdominalis*) qui vivent dans le plumage de la Poule domestique.

SPHÉRIACÉES

Les Sphériacées sont des Ascomycètes dont les asques sont contenus dans un périthèce s'ouvrant par un pore ou une ostiole terminale, comme les Laboulbéniacées. Les périthèces en forme de bouteille, sont isolés et non groupés à la surface d'un stroma, ce qui les distingue des Nectriacées, dont elles sont cependant très rapprochées.

Le genre que l'on peut prendre comme type de Sphériacées entomophytes est le genre *Sphaerostilbe*, dont les périthèces sont mous et plus ou moins sphériques ; les paraphyses n'existent pas ou sont pour le moins très atrophiées. On trouve, constamment associées avec cette forme ascosporée, des *Microcera* qui ne sont autre chose que les formes conidiennes des *Sphaerostilbe*. Les *Microcera* elles-mêmes sont très voisines des *Fusarium* qui n'en diffèrent que par leur mycélium diffus.

Le *Sphaerostilbe coccophila* TULASNE a des périthèces de couleur rouge, presque sphériques, groupés par quatre ou cinq au même point. Les asques sont octosporés et les ascospores ovales sont uniseptées.

Ce Champignon est parasite des Cochenilles et existe dans le monde entier. Il a d'abord été rencontré en Europe sur divers Coccides, mais son rôle et sa grande importance pour la destruction des Cochenilles ont été surtout mis en évidence en Amérique, en particulier par ROLFS en 1897. Il constitue dans ce pays un des principaux freins à la multiplication du Pou-de-San-José (*Aspidiotus perniciosus*), mais il attaque aussi, en Floride, les *Mytilaspis* des Aurantiacées (*M. gloveri* et *citricola*). Il est probable qu'il peut parasiter la plupart des Coccides de la tribu des Diaspines, car on l'a observé sur *Chrysomphalus aonidium, Aonidiella aurantii, Fiorina fiorinae, Chionaspis citri, Parlatoria pergandi*, etc. C'est le *red-headed fungus* (Champignon à tête

rouge) des Américains, et c'est, avec un autre Ascomycète, le
white-headed fungus (Ophionectria coccicola), le plus grand des-
tructeur de Cochenilles de la Dominique, en particulier des
Lepidosaphes. Enfin le *Sphaerostilbe* existe aussi au Japon et y
vit aux dépens du *Diaspis pentagona*, Cochenille introduite
actuellement en Italie où elle se montre si nuisible au Mûrier et
à d'autres végétaux.

La forme conidienne, *Microcera coccophila*, se rencontre toujours associée à la forme ascosporée. Ses conidies sont arquées,
falciformes, divisées par quatre ou cinq cloisons, parfois même
six ou sept.

On connaît d'autres *Microcera* parasites de Cochenilles et qui
appartiennent vraisemblablement aussi à des *Sphaerostilbe*.
L'une d'entre elles, d'après WATSON, est responsable de la grande
mortalité sévissant en Floride sur l'*Aleurodes citri (white-fly*
des Aurantiacées). Cet Hémiptère est attaqué par de très nombreux Champignons, *Aschersonia flavo-citrina, Ægerita Web-
beri*, etc., mais on rencontre en plus un grand nombre de cadavres paraissant indemnes de parasites et que l'on a coutume de
considérer comme victimes d'une « mortalité naturelle ».
WATSON a démontré que cette prétendue mortalité naturelle était
produite, dans la majorité des cas, par une *Microcera* et que ce
Champignon, quoique moins pathogène pour les larves d'*Aleurodes* que les *Ægerita*, était plus fréquent, et devait jouer un
rôle au moins équivalent.

TRABUT a décrit, en 1906, une *Microcera* (*M. parlatoriae*),
parasite en Algérie du *Parlatoria zizyphi* des feuilles d'Oranger.
Ses spores, courbées en faucilles, sont plus petites que celles
de *Microcera coccophila* et ont au plus trois cloisons. La femelle
et les œufs de *Parlatoria* sont envahies par le mycélium qui
déborde le follicule et l'entoure d'un bourrelet de couleur rouge.

Le genre *Melanospora* porte des périthèces dont l'ostiole est
située à l'extrémité d'une partie amincie; les asques sont octosporés, les spores sont ellipsoïdes et de coloration brunâtre.

On trouve fréquemment sur certains Insectes, notamment
les Hannetons, le *Melanospora parasitica* TULASNE, à périthèces

munis d'un long col, de couleur noirâtre, contenant des asques très petits, claviformes, hyalins. Le mycélium est blanc et cotonneux.

Ce Champignon a été cultivé par Kihlman qui l'a considéré comme vivant en parasite sur les Mucédinées attaquant le Han-

Fig 16. — *Melanospora parasitica* Tulasne, sur Hanneton vulgaire adulte (*Hoplosternus melolontha*). (D'après Tulasne.)

neton. Ce ne serait donc pas un véritable entomophyte. Cette opinion a été adoptée par Giard, d'une part, et Prillieux et Delacroix de l'autre. Il est certain que le *Melanospora parasitica* est fréquemment mêlé à d'autres Champignons, mais il s'agit vraisemblablement d'une association d'espèces et non d'un parasitisme de l'une sur l'autre. Tulasne, en effet. l'a cultivé sur le Hanneton, et Patouillard l'a rencontré à l'état isolé sur des Altises.

Le *Melanospora arachnophila* Fückel se trouve sur des Araignées. Le genre *Torrubiella* diffère peu des deux précédents. Il possède des paraphyses et les asques sont linéaires. On en connaît plusieurs espèces, dont les unes sont parasites des Cochenilles, comme *Torrubiella rubra* Patouillard et de Lagerheim, les autres d'Araignées, comme *T. tomentosa* Patouillard et *T. aranicida* Boudier. La forme conidienne de cette dernière espèce est connue sous le nom d'*Isaria cuneispora*.

NECTRIACÉES

Les Nectriacées entomophytes appartiennent au genre *Cordyceps* Fries (*Torrubia* Leveillé), l'un des plus célèbres parmi les parasites d'Insectes, bien que la plupart de ses espèces soient loin d'être communes, au moins sous nos climats.

Les *Cordyceps* sont constitués par un sclérote formé à l'intérieur du corps de l'Insecte, donnant naissance à un stroma externe, dressé, qui porte les périthèces. Ceux-ci sont tantôt immergés presque entièrement dans le stroma, dont leur ostiole

atteint la surface, tantôt plus ou moins complètement libres ;
dans ce dernier cas ils ne deviennent superficiels qu'à leur maturité. Il n'y a point de paraphyses. Les asques sont octosporés,
les ascopores sont allongés, filiformes, hyalins, presque toujours
multiseptés. Les cellules qui les composent se dissocient peu
après leur émission.

Le sclérote est formé d'hyphes entrelacées, multiseptées, rami-
fiées et hyalines, remplies de glycogène et de globules graisseux.
Ces hyphes, en se développant, détruisent toute la substance de
l'hôte et ne respectent que le tégument chitineux. Les organes de
l'Insecte sont alors remplacés par une masse blanchâtre, très
compacte.

Ce n'est qu'après la formation complète du sclérote que prennent naissance les organes ascigères. Ce sont des stipes qui
émergent du tégument aux points de moindre résistance, c'est-
à-dire entre deux segments, régions où la chitine est plus mince,
et presque toujours entre la tête et l'anneau prothoracique.
La portion fertile, que l'on désigne sous le nom de tête ou de
massue, est supportée par un stipe stérile composé d'hyphes
agrégées, septées, parallèles et souvent colorées à la périphérie.

On ne trouve d'organes fertiles externes que chez des Insectes
morts ; aussi certains auteurs anciens n'avaient-ils pas cru au
parasitisme des *Cordyceps*, mais les avaient considérés comme
des Champignons saprophytes, ne se développant que sur les
cadavres. Beaucoup de faits plaidaient cependant contre cette
manière de voir, en particulier le suivant : Un grand nombre de
Cordyceps sont parasites de larves, notamment de Chenilles. Or
les larves ne meurent pas normalement, puisqu'elles sont desti-
nées à se transformer en adultes. On ne trouve donc, dans la
nature, hors les cas accidentels de traumatismes, que les cadavres de celles qui ont été soumises à une infection quelconque,
le plus souvent du fait d'un Champignon.

Il est exact, d'ailleurs, que les périthèces n'existent que chez
des insectes morts depuis un certain temps, car ils ne peuvent
s'accroître qu'aux dépens des réserves élaborées par le sclérote.
Le cas est le même pour les Hyphomycètes entomophytes, le

Beauveria bassiana, par exemple, qui tue le Ver à soie bien avant qu'apparaisse à l'extérieur le revêtement de filaments conidiophores, bien avant, même, que les hyphes internes aient acquis tout leur développement.

Chez les *Cordyceps,* la même espèce peut se présenter sous trois états bien différents : la forme botrytoïde, la forme *Isaria* et la forme *Cordyceps,* qui ne coexistent pas nécessairement et même pas souvent, mais peuvent se succéder à de longs intervalles. Les deux premiers états sont des formes conidiales, le troisième seul est ascosporé. Sous sa forme botrytoïde, le Champignon est constitué à l'extérieur par des hyphes rampantes ou peu dressées, souvent floconneuses, et portant des conidies. Dans la forme *Isaria,* les hyphes sont agrégées et dressées pour former

Fig. 17. — *Cordyceps militaris* (L.), forme ascosporée, sur *Macrothylacia rubi.* (D'après Tulasne.)

Fig. 18. — Chenille de *Macrothylacia rubi* portant la forme conidienne du *Cordyceps militaris (Isaria farinosa).* (D'après Tulasne.)

un stroma vertical, claviforme ou ramifié, couvert à son sommet par des conidies supportées par des conidiophores qui prennent naissance sur des ramifications latérales du stroma.

Chez beaucoup de *Cordyceps*, on ne connaît ni la forme *Isaria*, ni la forme botrytoïde, et inversement, il existe un très grand nombre de Champignons parasites d'Insectes qui se présentent constamment sous la forme conidiale, sans jamais donner de périthèces. Aussi les range-t-on parmi les Hyphomycètes et n'est-ce que par analogie qu'on les suppose doués d'un état ascosporés voisin des *Cordyceps*.

Il est probable que le climat tempéré de l'Europe convient peu aux *Cordyceps*, car si leurs formes conidiennes y sont fréquentes, ce n'est que très rarement qu'on y rencontre les formes à périthèces. Celles-ci sont, au contraire, beaucoup plus communes dans les pays chauds comme l'Australie et l'Amérique tropicale, qui renferment, sinon plus d'espèces que nos régions, du moins des individus plus abondants.

Les conditions qui président à l'apparition de l'état ascosporé sont inconnues et les essais de culture ne nous donnent aucun renseignement à ce sujet. Nous savons seulement que cette apparition est toujours assez tardive et que ces conditions sont bien rarement réalisées sous nos latitudes. C'est ainsi que le *Beauveria bassiana*, Champignon de la muscardine du Ver à soie, est malheureusement trop commun et a jonché les magnaneries de milliers de cadavres depuis que l'on élève chez nous le Bombyx du Mûrier, sans que jamais la forme *Cordyceps* ait été observée sur aucun des Vers contaminés. TULASNE a supposé que ce Champignon pouvait être la forme conidiale du *Cordyceps sinensis* (BERK.), qui n'a pas encore été rencontré en Europe, mais qui n'est pas rare en Chine, au Thibet et au Japon, c'est-à-dire dans la patrie du Ver à soie, et peut-être aussi du *Beauveria bassiana*, mais rien jusqu'ici n'a confirmé cette hypothèse.

GIARD a supposé aussi que le *Cordyceps entomorrhiza* pouvait être l'état parfait de l'*Isaria densa* du Hanneton, qui se présente tantôt, et le plus souvent, sous la forme botrytoïde [*Beauveria densa* (LINK)], tantôt sous la forme d'*Isaria*, ou plutôt d'hyphasmates. Mais cette hypothèse, malgré sa vraisemblance, n'a pas encore été vérifiée.

Il existe, en revanche, des espèces dont la forme conidiale est connue avec certitude; tel est le cas de *Cordyceps militaris* (L.) auquel correspond, d'après TULASNE, l'*Isaria farinosa*. Encore n'est-il pas certain qu'il s'agisse bien de la véritable *Isaria farinosa* FRIES, dont la forme botrytoïde est une *Spicaria* (*Sp. farinosa*) et qui est commune sous cet état sur plusieurs insectes, en particulier la Cochylis de la vigne. ATKINSON n'a pu reproduire en culture que les deux formes conidiales sans jamais obtenir de *Cordyceps*. Les *Cordyceps Barberi* GIARD, *Sphingum* SCHW., ont également des formes *Isaria* parfaitement connues.

Ces Champignons étaient connus à une époque déjà ancienne, et excitaient l'étonnement des observateurs. La première mention des *Cordyceps* fut faite par TORRUBIA, jésuite espagnol vivant en Amérique qui en donna, en 1754, une description touchant, d'après WALLROTH, au fabuleux. C'est grâce à cet auteur que se répandit la croyance qu'il existait en Amérique des insectes s'enfonçant dans le sol, au lieu de mourir, y prenant racine, et se changeant en plantes. Divers voyageurs rapportèrent en Europe, notamment en Angleterre, des Mouches et des Guêpes portant ces étranges productions, sur la natures desquelles l'imagination de chacun se donna carrière, et qui, sous le nom de *vegetable wasps*, causèrent longtemps la stupéfaction des badauds et même des naturalistes.

Tous les *Cordyceps* connus sont parasites d'Insectes et l'on en trouve à peu près dans tous les ordres, c'est-à-dire les Orthoptères, les Hémiptères, les Coléoptères, les Hyménoptères, les Lépidoptères et les Diptères. Malheureusement beaucoup de descripteurs n'ont pas toujours pris la peine de déterminer les hôtes, tâche, d'ailleurs, souvent difficile, car l'Insecte attaqué, surtout lorsqu'il est mort depuis longtemps, est souvent fort déformé.

Il est donc difficile de rien affirmer de bien certain sur la spécificité parasitaire des *Cordyceps*. Le problème est d'autant plus ardu que bien des espèces n'ont été rencontrées que rarement et que des confusions entre espèces voisines paraissent s'être souvent produites. Il n'est pas douteux, cependant, que l'hôte ne soit pas quelconque pour un *Cordyceps* donné et que certaines formes se rencontrent beaucoup plus fréquemment sur une espèce d'Insecte que sur d'autres. Le *Cordyceps militaris,* par exemple, se trouve neuf fois sur dix sur les chenilles de Bombycides des genres *Gastropacha* et *Macrothylacia,* notamment le *Macrothylacia rubi* L. Nos connaissances ne sont pas assez avancées pour affirmer que c'est bien la même espèce qui vit sur les Lamellicornes, comme le Hanneton et les *Lachnosterna* américains, ou s'il s'agit de deux races distinctes, et des infections croisées seules jetteraient quelque lumière sur ce point. Quoiqu'il en soit, on peut admettre chez les *Cordyceps* une spécificité relative, beaucoup moins étroite, en tous cas, que celle des Laboulbéniacées. C'est, en somme, le même cas que pour les Entomophthorées.

Les larves sont plus fréquemment parasitées que les adultes, et parmi celles-ci, surtout celles qui s'enfoncent dans le sol humide ou dans la mousse, soit en tout temps, soit au moment de la métamorphose.

On a décrit en Europe plus d'espèces de *Cordyceps* que dans les autres parties du monde, mais cela tient probablement à l'état des recherches plus avancé dans ce pays. Ces Champignons sont loin, en effet, d'être aussi fréquents dans les zones tempérées que les Laboulbéniacées, les Entomophthorées et les Mucédinées entomophytes, et leurs individus sont bien plus abondants dans les régions équatoriales et tropicales; il est probable que l'avenir nous montrera qu'il en est de même des espèces. Les formes des pays chauds sont parfois gigantesques, et c'est le cas, en particulier, de celles qu'on trouve en Australie, et qui sont presque toutes spéciales à cette contrée.

On peut diviser les espèces de *Cordyceps* en deux catégories, selon que les périthèces mûrs sont superficiels ou immergés dans le stroma. On peut citer, dans le premier groupe, le *Cordyceps sphingum* Schw. dont la forme *Isaria,* décrite la première, est connue depuis 1822. La forme ascosporée est constituée par des stromas longs et grêles, parfois renflés à la base, sur lesquels

     F. PICARD

sont disséminés des périthèces très saillants, libres à la base, écartés les uns des autres, et en nombre médiocre.

On rencontre cette espèce, aussi bien en Europe que dans toute l'Amérique, sur les Chenilles et les adultes de divers Lépidoptères, surtout les Sphingides et les Noctuelles. On l'a signa-

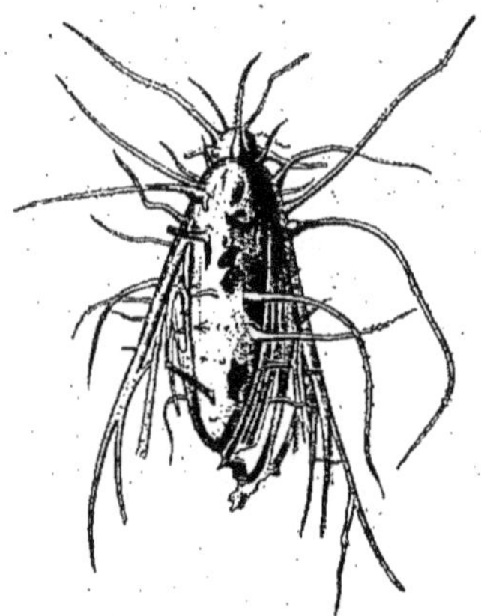

Fig. 19. — *Cordyceps sphingum* Schw. sur un cadavre de *Sphinx*.
(D'après Tulasne.)

lée aussi sur des Orthoptères et des larves de Diptères, mais on peut se demander s'il s'agit bien de la même espèce. La forme *Isaria* est beaucoup plus répandue en Europe que la forme *Cordyceps*.

Le *Cordyceps militaris* (Linn.) (1) possède des stromas charnus, plus courts et plus épais que ceux de l'espèce précédente, de couleur orangée, pouvant dépasser quatre centimètres de long et portant des clavules ovoïdes. Les périthèces ne sont que partiellement immergés, leur extrémité formant de petits tubercu-

---

(1) Et non *militaris* Link, comme on l'écrit partout, l'espèce ayant été décrite pour la première fois, sous le nom de *Clavaria militaris*, par Linné en 1753, et a description de Link datant de 1833. Mais les mycologues ont une façon de comprendre les lois de la priorité qui déroutera toujours les zoologistes.

les à la surface. La forme conidifère, désignée par TULASNE sous le nom d'*Isaria farinosa*, est assez fréquente, mais, d'après certains mycologues, aurait été confondue à tort avec la vérita-ble *Isaria farinosa* FRIES = *Spicaria farinosa* (FRIES) VUILLEMIN.

Ce *Cordyceps* est de beaucoup le plus facile à rencontrer en Europe, et notamment en France. On l'a trouvé sur plusieurs chenilles, en particulier celles de *Phalera bucephala*, mais sur-tout sur les *Macrothyla-cia* (*M. rubi* L.). ROUME-GUÈRE et BRIARD l'ont ren-contré en France sur le Hanneton commun adulte (*Hoplosternus melolontha* L.), le premier dans l'Au-de, le second dans l'Aube. Mais GIARD doute qu'une espèce paraissant aussi étroitement inféodée aux *Macrothylacia* puisse se développer sur des Lamel-licornes et se demande s'il ne s'agirait pas plutôt de la forme ascoporée encore inconnue de l'*Isaria densa* (*Beauveria densa*) (LINK). Cependant THAXTER a dé-terminé sous le nom de *militaris* un *Cordyceps* ré-colté sur le *Lachnosterna quercina*, Lamellicorne américain voisin de nos *Hoplosternus* d'Europe.

Fig. 20. — Chenille d'*Hepialus virescens* portant le *Cordyceps Hugeli* Corda. (D'a-près Charles Robin.)

L'étude morphologique seule, comme je l'ai dit, est incapable de résoudre ces questions de spécificité parasitaire, surtout dans les groupes où les particularités qui distinguent les espèces sont souvent peu nettes, et c'est l'expérimentation qui devra décider s'il s'agit d'espèces biologiques à hôtes spécialisés.

Les *Cordyceps Taylori* (BERCK.) et *Hugeli* CORDA (*Robertsi* HOOK.) sont encore des espèces à périthèces incomplètement immergés qui habitent l'Australie et sont remarquables par leur grande taille. Elles sont parasites de chenilles, spécialement de l'*Hepialus virescens* DOUBLEDAY en ce qui concerne *C. Hugeli*.

Mais le plus grand nombre des espèces possède des périthèces immergés dans la massue. Parmi les plus intéressants de ce groupe, on peut citer le *Cordyceps sphaerocephala* (KL.) très commun sur les Guêpes américaines des genres *Vespa* et *Polybia*, et le *Cordyceps myrmecophila* CESATI, petite espèce à massue aplatie, répandue dans le monde entier, plus spécialement sur les Fourmis.

Le *Cordyceps Barberi* GIARD, blanchâtre, à clavules pointus, à périthèces ovoïdes, à stipes grêles et cotonneux, présente un certain intérêt pratique, parce qu'il contribue à détruire, tant sous sa forme ascosporée que sous sa forme conidiale (*Isaria Barberi*), le *Diatraera saccharalis* F., chenille mineuse de la Canne à sucre ou *Moth-borer* des Américains, l'un des ennemis les plus dangereux de cette plante, dans les tiges desquelles elle creuse des galeries. Il a été décrit d'après des échantillons provenant des Barbades. La chenille est attaquée à l'intérieur de sa galerie, et les stipes s'allongent jusqu'à ce qu'ils aient atteint l'ouverture, de sorte que c'est à l'air libre que se développent les périthèces.

Le *Cordyceps Hunti* GIARD (1) est encore une autre espèce américaine, originaire de l'île de Trinidad, qui tue les larves d'Élatérides. On trouve à la fois les deux états, conidial et ascosporé, qui sont tous deux d'un beau rouge orangé, avec les périthèces bruns. Le sommet de la massue est dégarni de périthèces. et ceux-ci sont disséminés plus abondamment d'un côté que de l'autre.

Le *Cordyceps clavulata* SCHW. se développe en Europe et dans

---

(1) Et non *Lunti* comme l'écrit FERRY à plusieurs reprises dans sa traduction du mémoire de MASSEE.

l'Amérique du Nord (Etats-Unis et Canada), aux dépens des Cochenilles (*Lecanium* et autres) vivant sur les *Fraxinus, Ulmus, Carpinus,* etc.

Le *Cordyceps sinensis* (Berk.), à stipe long et épais, à massue cylindrique et aiguë au sommet portant des périthèces clairse-més, se trouve sur diverses chenilles en Asie orientale (Thibet, Chine et Japon). C'est à cause de son aire géographique qu'on l'a considéré comme étant l'état parfait du *Beauveria bassiana,* mais sans autre preuve. Cette espèce est fort connue des Chinois qui lui attribuent des vertus médicinales. Ch. Robin dit, en citant Berkeley, qu'ils l'emploient pour réparer les forces dans les cas d'hémorrhagies, et qu'à cause de sa rareté, on la réserve pour l'usage de l'empereur.

Le *Cordyceps entomorrhiza* (Dickson) se trouve dans toute l'Europe, le nord de l'Afrique, l'Amérique, l'Australie et la Nouvelle-Zélande. On lui a attribué des hôtes nombreux, chenil-les de Lépidoptères, larves de Coléoptères et Lamellicornes adultes. D'après Giard, le véritable *C. entomorrhiza* serait sur-tout parasite des larves de Carabides. Il suppose donc que la forme trouvée par Boudier sur la larve du Hanneton commun et par Roumeguère sur le *Rhizotrogus solstitialis* peut être l'état ascosporée de l'*Isaria densa,* mais reste dans le doute sur son identification avec le *C. entomorrhiza.*

Le *Cordyceps Ditmari* Quélet devrait porter le nom de *C. sphecophila* Ditmar, puisqu'il est admis qu'il représente l'état parfait de l'*Isaria sphecophila,* décrite avant lui, mais nous savons que les mycologues comprennent les règles de la nomen-clature d'une façon qui leur est bien personnelle. On le trouve en Europe sur diverses *Vespa* (*crabro* et *germanica*), et aussi sur des Mouches. Il peu parfois provoquer des épizooties meur-trières sur les Guêpes, ce qui ce conçoit, puisque ces Insectes, vivant en colonies populeuses, sont susceptibles de se contami-ner facilement. La forme *Isaria* est constituée par de longs stipes grêles garnis de conidies dans leur moitié terminale.

Je citerai encore les *Cordyceps larvicola* Quélet, parasite en France des larves d'*Helops caraboïdes, cinerea* Tulasne, des lar-

ves et des adultes de *Carabus* en France et en Allemagne, et les
C. sobolifera et *Barnesii*, parasites des larves de Lamellicornes
exotiques.

PÉRISPORIACÉES

Chez les Périsporiacées les asques sont enfermées dans un
périthèce, comme dans les familles précédentes (Laboulbéniacées, Sphériacées, Nectriacées), mais ce périthèce est clos, sans
ostiole de sortie et se rompt à maturité. Il s'en faut de beaucoup que l'on ait étudié la forme ascosporée de toutes les espèces, mais on les range par analogie à côté de celles dont l'état
parfait est bien connu. Il semble que certains de ces Champignons sont incapables de former des asques dans toutes les conditions de milieu qu'on peut leur fournir et que ce mode de
reproduction soit totalement perdu pour eux. Leur place serait
donc dans les Hyphomycètes si leurs formes conidiales ne forçaient à les placer dans les mêmes genres que ceux dont les
périthèces se rencontrent normalement.

Beaucoup de Périsporiacées ont été décrites comme parasites
d'Insectes, mais dans la plupart des cas, il s'agissait soit d'un
simple saprophytisme sur des cadavres, soit de cas mal observés
ou douteux. Le genre *Penicillium* renferme des espèces entomophages très pathogènes, occasionnant des muscardines typiques
très analogues à celles qui sont produites par les Hyphomycètes de la famille des Verticilliacées, *Beauveria, Spicaria,* etc.
L'une d'elles, la muscardine verte, dont l'agent est le *Penicillium
anisopliae* (METCHNIKOFF) fut même la première mycose dont on
essaya de tirer parti dans la pratique pour la destruction des
Insectes nuisibles. Les Périsporiacées entomophytes, saprophytes ou pathogènes, se répartissent dans les trois genres *Aspergillus, Sterigmatocystis* et *Penicillium.*

Les *Aspergillus* sont caractérisés par des conidiophores dressés se terminant par une vésicule renflée, de laquelle partent de
longues chaînettes de conidies associées comme des grains de
chapelet; parfois chaque chaînette prend naissance sur un

bâtonnet ou baside, dont la base est insérée sur la tête du conidiophore. Les périthèces, lorsqu'ils existent, sont arrondis et
durs et contiennent des asques octo ou tétrasporés. Les ascospores sont lenticulaires.

W.-R. HOWARD a décrit, en 1896, un *Aspergillus pollinis,* qui,
d'après lui, produirait chez l'Abeille domestique une maladie
analogue à la loque (*foul brood*), mais cependant différente, et à
laquelle il a donné le nom de *pickled brood* (1). Ce terme de
pickled-brood a été adopté par les apiculteurs américains. Après
leur mort, les larves atteintes de cette affection ont un aspect
enflé, puis se transforment en une masse brunâtre, liquéfiée
mais non visqueuse, et sans odeur.

L'*Aspergillus* fut isolé des rayons et du couvain mort et
HOWARD admit que les larves s'infectaient à l'aide du pollen
dont elles s'alimentent. Le champignon traverserait le tube digestif, se développerait dans le sang et produirait de l'acide
acétique (d'où le nom de *pickled-brood*). La présence de cet acide
entraverait le développement des Bactéries de sorte qu'aucune
putréfaction consécutive ne s'observe et que le cadavre n'exhale
aucune odeur, ce qui distingue cette maladie des différentes
sortes de loques (pourriture américaine du couvain à *Bacillus
larvae*, et pourriture européenne à *Bacillus pluton*).

Il est peu surprenant que l'on trouve des *Aspergillus* dans les
ruches, et notamment dans les rayons contenant des réserves
de pollen un peu anciennes. Il est peu surprenant aussi que de
tels Champignons puissent végéter en saprophytes sur des larves
mortes pour une cause ou pour une autre, mais il n'est pas
probable que l'*Aspergillus pollinis* soit la cause efficiente d'une
maladie quelconque du couvain. Des expérimentateurs consciencieux, comme PHILLIPS et WHITE, n'ont rien retrouvé de semblable et leur opinion est peu favorable aux observations de
HOWARD :

« Attendu, disent-ils, que HOWARD a déclaré que les désordres
» qu'il a décrits étaient causés par un Champignon, l'*Asper-*

---

(1) Littéralement couvain vinaigré, à cause des réactions acides que présentent
les larves mortes de cette maladie.

186   F. PICARD

» *gillus pollinis*, il est certain que la maladie connue sous le
» nom de *pickled-brood* par les apiculteurs, n'est pas le
» « *pickled-brood* » d'Howard. Notre opinion est que le « *pic-*
» *kled-brood* » décrit par Howard n'existe pas (1) ».

Une autre aspergillose des Abeilles, étudiée par Maassen, en
1906, est sans doute plus sérieuse et, en tous cas, les symptômes
qu'il décrit sont plus conformes à ce qu'on sait des muscardines.
Les larves et les nymphes d'Abeilles sont transformées en momies et deviennent dures, coriaces et cassantes, sans changer
de forme ni exhaler aucune odeur; en même temps, une grande
mortalité se remarque chez les adultes.

Maassen attribua la maladie à un Champignon qui cultive
facilement à température élevée et dont les caractères sont très
voisins de ceux de l'*Aspergillus flavus*. Il ne détermina pas le
mode de transmission du parasite, mais admit que les ruches
mal ventilées, où, par conséquent, la température monte davantage, y sont plus sujettes (2).

Il peut arriver qu'un *Aspergillus* normalement saprophyte
devienne pathogène lorsque changent les conditions du milieu,
et les expériences faites à ce sujet par Gee Wilson et Ballard
Massee offrent un grand intérêt parce qu'elles montrent l'importance des facteurs ambiants dans l'étiologie des maladies mycosiques.

Ces auteurs ont expérimenté l'action de l'*Aspergillus flaves*·

---

(1) Inasmuch as the disorder which Howard described was declared by him
to be due to a fungus, *Aspergillus pollinis*, it is certain that the disease known
to bee keepers as pickled brood is not the « pickled brood » of Howard. It is the
opinion of the writers that the « *pickled-brood* » described by Howard does not
exist. *U.-S. départem. of Agric. Bureau of entomology*. Bullet. n° 9⁴.

(2) A propos des mycoses des Abeilles on peut noter que Hess (1887) a observé
sur les Abeilles des Mucorinées (*Mucor mucedo* et *Mucor mellitophthorus*) aux-
quelles il attribua la cause de la maladie connue sous le nom de mal de mai.
Reben (1895) a retrouvé ces champignons. On sait aujourd'hui par les recherches
de Zander, d'une part, de Fantham et Annie Porter, d'autre part, que le mal de
mai et les affections séparées, dans tous les traités d'apiculture, sous les noms de
paralysie, constipation, diarrhée des Abeilles, maladie de l'Ile de Whight, ne
sont qu'une seule et même maladie; la microsporidiose des Abeilles, causée par
le *Nosema apis*, et très voisine, par conséquent, de la pébrine du Ver à soie. Les
Mucor de Hess et de Reber sont de vulgaires saprophytes.

cens Eidam sur la Chenille de *Malacosoma americana* qui vit, en Amérique, à peu près de la même façon que notre *Malacosoma neustria* d'Europe, et se montre surtout nuisible au Pommier.

L'*Aspergillus flavescens*, espèce ordinairement saprophyte, est sans action sur cette Chenille à une température comprise entre 21° et 27°, mais si l'on pulvérise des spores sur le même Insecte maintenu à 37°, on réussit à amener la mort. L'infection semble se produire par la voie buccale et la germination n'a lieu que dans le dernier quart du corps et ce n'est qu'ensuite qu'il envahit la partie antérieure.

Les *Sterigmatocystis* se distinguent des *Aspergillus* par la présence de petits articles ou stérigmates intercalés entre les basides (phialides) et les chaînes de conidies. Il n'existe pas, à vrai dire, de *Sterigmatocystis* parasite d'Insectes, mais on a trouvé le *St. nidulans* Eidam dans des nids de Bourdons. On voit donc que les Périsporiacées peuvent se rencontrer dans les nids des Apiaires sociaux indépendamment de toute épizootie. Cette espèce est pathogène pour les mammifères, notamment pour le Lapin, d'après les expériences de Heider et on lui a même attribué certains cas d'aspergillose humaine.

Le genre *Penicillium* porte des conidiophores pouvant se ramifier plusieurs fois et à l'extrémité desquels sont insérées des phialides portant des chaînes de conidies; le point d'insertion des phialides n'est pas renflé en coussinets, ce qui différencie les *Penicillium* des *Aspergillus*. On ne connaît l'état ascosporé d'aucun *Pénicillium* parasite d'Insectes, aussi Vuillemin est-il d'avis de ranger ces espèces dans les Hyphomycètes. Mais on a observé les périthèces d'autres *Penicillium* et, jusqu'à plus ample informé, il n'y a guère de raison de ne pas considérer les formes entomophytes comme l'état conidial de Périsporiacées.

Il est très fréquent de rencontrer des *Penicillium* sur des cadavres d'Insectes, mais ce sont généralement des saprophytes et tel semble bien être le cas du *Penicillium Fieberi* Corda, trouvé sur des Punaises, mais qui vit aussi sur des substances végétales en putréfaction. Il existe, en revanche, d'autres *Penicillium* nettement pathogènes, dont les affinités avaient été méconnues jusqu'au travail de VUILLEMIN (1904) qui leur a assigné leur véritable place.

Tel est le *Penicillium anisopliae* (METCHNIKOFF), décrit d'abord par son auteur comme une *Entomophthora*, puis désigné par METCHNIKOFF et par KRASSILISTSCHIK sous le nom d'*Isaria destructor*, par SOROKIN sous celui de *Metarrhizium anisopliae*, placé enfin par DELACROIX dans le genre *Oospora*. VUILLEMIN a démontré qu'il s'agissait d'un véritable *Penicillium*, se présentant souvent sous la forme isarienne agrégée. Il a été cultivé sur une foule de milieux par VAST et par VUILLEMIN, et pousse en prenant une belle teinte vert émeraude qu'il communique au substratum, d'où le nom de muscardine verte donné à la maladie qu'il provoque, par opposition à la muscardine blanche à *Beauveria bassiana*, ou la muscardine rose à *Spicaria aphodii*.

C'est, en effet, une véritable muscardine que provoque chez les Insectes le *Penicillium anisopliae*. Il transforme l'hôte en dragée remplie d'un sclérote, absolument comme les Verticilliacées entomophytes. Il est susceptible de tuer de nombreux Insectes et a été employé surtout pour détruire des Coléoptères, comme le *Cleonus punctiventris* et l'*Anisoplia* des Céréales. VUILLEMIN l'a rencontré sur une Cétoine dorée adulte et sur une larve de Hanneton. Je m'en suis servi pour tuer des larves d'Eudémis, de Cochylis de la vigne et de Teigne des Pommes de terre, mais sans grand succès. Il est pathogène aussi pour certains Hémiptères et on l'emploie à la Dominique dans la lutte contre le *Tomaspis posticus*.

Le *Penicillium Briardi* VUILLEMIN (*Isaria truncata* BRIARD) est encore l'agent d'une muscardine, que l'on peut appeler muscardine jaune à cause de la coloration des hyphes et qui donne aussi un sclérote dans le corps de l'Insecte. Cette espèce se présente sous une forme isarienne plus typique que le *Penicillium anisopliae*, dont la forme agrégée est inconstante et mérite à peine le nom d'*Isaria*. VUILLEMIN a rencontré ce Champignon sur un Ver gris, la larve de l'*Agrotis segetum*. Il a pu contaminer avec ses conidies un Ver gris et un *Elater* adulte.

Enfin un troisième *Penicillium* tue les Insectes, c'est le *Peni-*

cillium penicillioïdes (DELACROIX), d'abord décrit par DELACROIX
sous le nom de *Monilia penicillioïdes*. Ce Champignon diffère des
deux précédents, outre des caractères structuraux sur lesquels
je n'insiste pas, parce qu'il ne présente jamais de forme agrégée
et qu'il ne produit pas de sclérote dans les tissus de l'hôte, mais
s'y trouve à l'état de filaments mycéliens lâches. C'est cependant
bien un *Penicillium*, voisin des autres espèces entomophytes
par l'insertion des spores, mais il ne détermine pas de muscardine au sens étroit du mot (1).

DELACROIX a découvert ce *Penicillium* sur le Grillon commun
(*Gryllus campestris*) à Clion (Indre). Il infecta des Grillons sains
en projetant des spores sur ces Insectes humectés d'eau. Les
Grillons moururent du sixième au huitième jour et fournirent
des cultures pures du parasite. Pour obtenir les hyphes externes,
il suffisait de placer les cadavres en chambre humide.

Des essais furent entrepris aussi avec des Acridiens (*Stenobothrus biguttulus* et *OEdipoda coerulescens*); ils furent suivis
de succès, mais les Criquets résistèrent plus longtemps à l'infection que les Grillons, parfois jusqu'à 17 jours.

Peut-être existe-t-il beaucoup d'autres *Penicillium* pathogènes
et j'ai dit qu'on en recontrait fréquemment sur les cadavres
d'Insectes, quelquefois associés au *Cladosporium herbarum* et à
diverses moisissures. On ne devra les considérer comme susceptibles d'avoir causé la mort de leur hôte qu'avec une certaine
prudence et jamais avant d'avoir réussi des expériences d'infection sur Insectes de la même espèce.

---

(1) Si l'on réserve le nom de muscardine aux affections du type beauvérien.
Mais ce terme est parfois employé dans un sens plus général pour désigner toutes les mycoses des insectes à la fois mortelles, contagieuses et épizootiques.

  F. PICARD

HYPHOMYCETES

On range dans les Hyphomycètes un nombre immense d'espèces de Champignons ne se reproduisant que par des conidies ou des spores plus ou moins voisines des conidies (thallospores, hémispores, etc.). Il est certain que beaucoup d'Hyphomycètes ne sont que les formes conidiennes de divers Ascomycètes, et j'ai déjà cité les formes *Isaria* des *Cordyceps*, des *Torrubiella*, etc., les *Microcera* des *Sphaerostilbe*, les *Penicillium* qui se rattachent aux Périsporiacées, etc. Mais il est un bien plus grand nombre encore d'Hyphomycètes dont l'état ascosporé n'a jamais

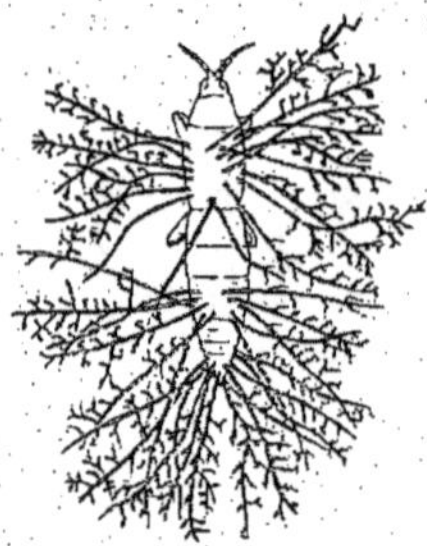

Fig. 21. — Hyphomycète parasite du *Thrips pyri*. (D'après Dudley Moulton.)

été rencontré et ne paraît pas exister, soit qu'il ait disparu au cours de l'évolution, soit qu'il ne soit jamais apparu. La classification des Hyphomycètes est donc beaucoup plus délicate que celles des autres Champignons et elle sort à peine de la confusion. VUILLEMIN est l'auteur qui a le plus contribué, dans ces dernières années, à y apporter quelque clarté en créant un certain nombre de divisions basées sur le mode de fixation des spores et leur différenciation plus ou moins nette d'avec le thalle. Il a divisé les Hyphomycètes en Conidiosporés, dont les spores, distinctes de l'appareil végétatif dès le début, sont de véritables conidies, en Hémisporés, dont les spores, au lieu de se différencier entièrement du thalle comme les conidies, continuent à croître et se fragmentent en une série d'articles ou deutéroconidies, et en Thallosporés, dont les spores ne sont que des portions du thalle.

Le groupe le plus important, au point de vue des Champignons entomophytes, est celui des Conidiosporés. VUILLEMIN le divise en Sporotrichés, chez lesquels les conidies sont insérées directement sur les filaments mycéliens, Sporophorés, dont les spores sont portées à l'extrémité de filaments simples (sporophores), Phialidés à sporophores isolés du thalle par une cloison, et en forme de bouteilles à base renflée (phialides), et Prophialidés, dont les phialides sont insérées sur un article spécial, la prophialide.

Je n'ai pas l'intention de faire une étude complète des Hyphomycètes parasites des Insectes, ni de suivre l'ordre exact de la classification. Nuls Champignons, en effet, ne sont connus avec moins de certitude. A part certaines formes revues et étudiées en détail par des mycologues comme BEAUVERIE et VUILLEMIN, on peut dire qu'on ignore dans quels genres doivent être placées la majorité des espèces; j'ai déjà cité l'exemple du *Penicillium anisopliae,* mis successivement dans les genres *Entomophthora, Metarrhizium, Isaria, Oospora* et *Penicillium.* Les mycologues ont réparti au hasard leurs espèces dans les *Botrytis* et les *Sporotrichum* avec un dédain de la systématique dont on peut se demander la raison. Il est certain que le *Botrytis bassiana* n'a rien de commun avec le *Botrytis cinerea,* agent de la pourriture grise des raisins, mais, dans quelque genre qu'on le place, il doit se trouver en compagnie du *Sporotrichum globuliferum,* dont l'aspect des cultures peut seul le distinguer. Nul ne sait ce que peuvent être l'*Oospora aphidis,* les *Sporotrichum entomophilum* et *parvulum* et bien d'autres espèces.

Je me contenterai donc de citer, parmi les formes les mieux connues, quelques exemples des divers cas typiques de parasitisme chez les Insectes. C'est surtout dans les Phialidés de VUILLEMIN, et dans les deux familles des Pénicilliacées et des Verticilliacées, que l'on rencontre les Champignons produisant les muscardines proprement dites. Ces affections, fortement contagieuses et épidémiques, ont pour caractéristique de tuer les Insectes en peu de jours et de transformer leurs cadavres en *dragées* ou *momies* imputrescibles, peu odorantes ou exhalant une légère odeur plutôt agréable, dont l'intérieur est rempli d'un sclérote envahissant et remplaçant tous les organes, sauf le tube digestif. Les filaments perforent le tégument pour donner à l'extérieur un mycélium sporifère enveloppant l'hôte comme d'un suaire.

Il a été parlé des Pénicilliacées à propos des Périsporiacées. Quant aux Verticilliacées entomophytes, elles sont comprises dans les principaux genres suivants: *Spicaria, Gibellula, Beauveria* et *Verticillium*. Beaucoup de ces Verticilliacées entomophytes ont été anciennement rangées dans le genre *Isaria*. Mais j'ai déjà eu l'occasion de dire qu'on a réuni sous le nom d'*Isaria* des formes disparates, n'ayant d'autre caractère commun que de présenter des hyphes agrégées.

Comme chez toutes les Verticilliacées, les conidies des *Spicaria* sont portées par des phialides assemblées en verticilles. Mais, dans ce genre, chaque phialide porte une série linéaire de spores réunies en chapelets dont la disposition rappelle beaucoup celle des *Penicillium*. Ces chaînettes sont assez fragiles et se disjoignent au moindre choc, de sorte qu'il est rare d'observer plus d'une ou deux conidies par phialide, à moins d'opérer avec précaution. L'*Isaria farinosa,* commune sous sa forme agrégée chez divers Insectes, est encore bien plus fréquente sous sa forme filamenteuse qui présente tous les caractères d'une *Spicaria,* comme Tulasne et de Barye s'en étaient déjà rendu compte, et comme Vuillemin l'a établi définitivement. Cette *Spicaria* provoque une muscardine du type de celle du Ver à soie, avec momification de l'Insecte qui se revêt d'une couche de filaments blancs sporifères. C'est cette espèce qui produit de fréquentes épizooties sur les chenilles de la génération d'hiver de la Cochylis de la vigne, épizooties étudiées par Sauvageau et Perraud, par Schwangart, et, plus récemment, par Fron.

Ce dernier auteur, s'appuyant sur de légères divergences constatées dans d'anciennes diagnoses, trop courtes et imprécises, comme c'est souvent le cas dans les travaux des anciens mycologues, a cru devoir créer le nom nouveau de *verticillioides* pour la *Spicaria* de la Cochylis. C'est certainement l'espèce étudiée par SAUVAGEAU et PERRAUD, et celle que la plupart des naturalistes ont toujours considérée comme *Isaria farinosa*. Cependant rien ne prouve que plusieurs *Cordyceps* ne puissent avoir des états conidiens plus voisins que leurs états ascosporés et que ce que nous appelons *Isaria farinosa* ne puisse se rattacher à plusieurs *Cordyceps* différents. Mais, dans le doute, il est prudent de ne pas créer de nom nouveau chez une forme qui paraît susceptible de varier dans d'assez larges limites.

VUILLEMIN a décrit, sous le nom de *Spicaria aphodii*, une autre espèce occasionnant chez les Coléoptères une muscardine rose. Elle végète d'ailleurs aussi en saprophyte sur le terreau et d'autres débris végétaux. Les Insectes attaqués (*Aphodius fimetarius* L.) ont le corps momifié, et, des téguments, sortent par place des touffes roses, denses et farineuses. En culture sur carotte, le Champignon est d'abord blanc et ne devient rose qu'au bout de cinq à six jours, plus vite à la lumière qu'à l'obscurité. On conçoit très bien comment les Insectes s'infestent, même loin de tout *Aphodius* contaminé, puisque l'espèce est en même temps saprophyte et se trouve normalement dans les sols riches en matières organiques. Il en est probablement de même de la plupart des Mucédinées entomophytes.

VINCENS cite et figure aussi une *Spicaria* qu'il a trouvée chez des larves et des nymphes de Cochylis et d'Eudémis muscardinées et qu'il dit différente de *Spicaria verticillioides*. Il s'en est servi pour infecter des Vers à soie. Comme il ne figure qu'une seule spore à l'extrémité de chaque phialide, il est impossible de savoir s'il s'agit vraiment d'une *Spicaria* ou d'un *Beauveria*. Il a pensé un instant qu'il s'agissait du *Sporotrichum globuliferum* et je le croirais volontiers, car l'aspect touffu des verticilles de phialides qu'il a dessinés rappelle assez bien ceux de ce Champignon, qui est un *Beauveria* et qui a été déjà rencontré sur les nymphes de Cochylis.

Les *Gibellula* sont aux *Spicaria* ce que les *Sterigmatocystis* sont aux *Penicillium*, c'est-à-dire que les phialides sont séparées de l'axe par des articles intercalaires dont chacun porte plusieurs phialides. Les *Gibellula* se distinguent d'ailleurs des *Sterigmatocystis* parce que l'extrémité du filament qui porte ces articles est séparée par une cloison basale et n'est pas renflée en vésicule. Les *Gibellula* parasites d'Arthropodes se rencontrent généralement sous la forme isarienne agrégée. Telle est l'*Isaria arachnophila* DITMAR (*Gibellula arachnophila* (DITMAR) (VUILLEMIN), parasite des Araignées.

Une autre *Isaria* entomophyte découverte par HEIM, l'*Isaria tenuis*, doit rentrer, d'après VUILLEMIN, dans le genre *Gibellula*. HEIM l'avait d'ailleurs placée à côté de l'*Isaria arachnophila*; elle s'en distingue surtout par ses conidies plus petites et ses phialides à col effilé.

Le genre *Beauveria* a été créé par VUILLEMIN pour les anciens *Botrytis* entomophytes. Le type du genre est le *Botrytis bassiana* BALSAMO, agent de la muscardine du Ver à soie. Quoique cette espèce ait donné lieu à un nombre immense de travaux, plus, sans doute, que n'importe quel autre Champignon entomophyte, il est curieux de constater que sa véritable constitution a été méconnue jusqu'en 1911, époque du travail de BEAUVERIE. On conçoit mal qu'elle ait été maintenue pendant si longtemps dans un genre dont le *Botrytis cinerea* est le type et où elle est manifestement déplacée. Le *Botrytis cinerea* n'est pas, en effet, une Verticilliacée, ni même un Phialidé. La muscardine a été plus étudiée, il est vrai, par les sériciculteurs que par les naturalistes.

BEAUVERIE a montré que chez *Botrytis bassiana*, il existe des phialides ventrues, courtes et presque sphériques, terminées par un col effilé. Leur réunion forme des verticilles et même des glomérules touffus, comme chez beaucoup de *Spicaria*; mais la plus grande différence entre ces deux genres réside dans le mode de formation des conidies. Chez le *B. bassiana*, l'extrémité effilée de la phialide donne une première spore qui est rejetée latéralement, puis une seconde spore, portée par un mince pédoncule, naît entre la phialide et la première conidie. Ce mode de croissance se renouvelle un certain nombre de fois, de sorte que la phialide porte finalement un filament en zig-zag, dont chaque saillie se termine par une spore. Chaque conidiophore supporte donc une cyme unipare. VUILLEMIN est d'avis que la cyme des *Beauveria* dérive du chapelet des *Spicaria*, et il est de fait que, dans ce dernier genre, chaque conidie est souvent séparée par un filament et que dans les deux cas les spores successives prennent naissance par un accroissement intercalaire du col de la phialide.

Chacun sait que le *Beauveria bassiana* provoque une des plus graves épizooties qui puisse sévir dans les magnaneries. L'histoire et la description de la maladie sont bien connues et se trouvent dans tous les manuels. Il n'y a donc pas lieu de s'y arrêter outre mesure. Les sériciculteurs sont d'avis que les épizooties de muscardine sont moins fréquentes et se généralisent moins qu'autrefois et on en a conclu que le Champignon avait perdu en partie sa virulence. Les Mucédinées entomophytes comme la plupart des organismes qui oscillent entre la vie parasitaire et la vie saprophytique, notamment la majorité des Bactéries pathogènes, sont en effet susceptibles de voir varier leur virulence dans de grandes limites et celle-ci s'atténue rapidement (dans le cas des Champignons) dans les cultures, après plusieurs repiquages. Il se peut aussi que la diminution de la mortalité dans les magnaneries soit due en partie aux soins de propreté, plus répandus aujourd'hui qu'autrefois, à l'entassement moins grand des Vers et à la désinfection des claies avant chaque campagne. Il est en effet assez facile de préserver les élevages de la muscardine par un certain nombre de précautions dans le détail desquelles je ne puis entrer.

Il semble bien que, contrairement au cas des Entomophthorées, c'est par l'intermédiaire du tégument que s'infestent les Vers à soie, et non par le tube digestif. L'infestation est rapide et les Vers meurent avant que le sclérote ait eu le temps de donner les hyphes externes producteurs de spores, production qui ne s'accomplit bien qu'en milieu humide. Ces hyphes externes recouvrent la chenille d'une couche farineuse ou crayeuse, d'aspect bien différent du revêtement floconneux ou cotonneux que l'on observe dans d'autres muscardines.

Vincens, dans une note où il rend compte de quelques essais d'infection du Ver à soie par des Verticilliacées diverses, dit que la pénétration des Champignons entomophytes à l'intérieur des Vers ne paraît se produire qu'exceptionnellement par un point quelconque des téguments revêtus de chitine, mais qu'elle a lieu généralement par le fond membraneux des replis des appendices. Cet auteur ignore sans doute que les Insectes sont entièrement revêtus d'une gaine chitineuse, aussi bien dans le fond des replis qu'ailleurs. Chez le Ver à soie, les appendices (c'est-à-dire les trois paires de pattes thoraciques) ont d'ailleurs un tégument plus épais que le reste du corps et sans aucun repli. Il est possible que la pénétration se fasse parfois à travers ces pattes, mais c'est ce qui ne ressort nullement de ses expériences.

Vincens combat l'idée de Giard d'après laquelle le Champignon est capable de dissoudre la chitine, comme d'autres Champignons dissolvent la cellulose. Il est toujours dangereux de contredire une affirmation de Giard, surtout lorsque l'on n'a rien à lui opposer. Par quelque point du corps que pénètre le parasite (sauf les stigmates, et nous savons que ce n'est pas la voie ordinaire), il ne peut faire autrement que dissoudre la chitine, puisque cette substance recouvre tous les épithéliums. Il la dissout bien, d'ailleurs, de dedans en dehors pour donner les hyphes fructifères, on ne voit donc pas pourquoi il ne la dissoudrait pas de dehors en dedans. Les Verticilliacées ne sont pas seules dans ce cas, j'ai déjà dit que les Laboulbéniacées, du moins les espèces à rhizoïde, perforaient la chitine avec la plus grande facilité.

Le même auteur signale aussi l'existence de taches brunes sur la peau des Vers infestés et fait remarquer que ces taches, caractéristiques (d'après lui) de la pébrine, pour Pasteur, se rencontrent dans d'autres affections. Ces taches existent parfois, en effet, dans la pébrine, mais Pasteur n'est pas responsable du nom de pébrine attribué par Quatrefages à la microsporidiose du Ver à soie. Il serait, au surplus, excessif d'insinuer que l'un ou l'autre de ces deux savants connaissait mal la pé-

brine et était capable d'en confondre les symptômes avec ceux
de la muscardine; une telle assertion se heurterait, je le crains,
à une inébranlable et générale incrédulité. Il n'est, d'ailleurs,
pas un sériciculteur à ignorer encore que beaucoup de Vers
pébrinés n'ont pas de taches et que beaucoup de Vers tachés
n'ont pas la pébrine; c'est une notion élémentaire qui s'enseigne
partout et que tous les praticiens connaissent. En réalité ces
points bruns résultent d'une mortification de l'hypoderme sous
une influence quelconque et se rencontrent très fréquemment
chez des larves de toutes sortes d'Insectes, ayant subi un trau-
matisme, ayant été soumises à la morsure d'un Acarien parasite (*Pediculoïdes ventricosus*), ou à la pénétration d'un Champignon. Si VINCENS avait pratiqué des coupes dans ses chenilles
au début de l'infestation, comme je l'ai fait moi-même pour les
Teignes des pommes de terre que j'ai contaminées (1), il se serait
rendu compte qu'au niveau de chaque tache, l'hypoderme avait

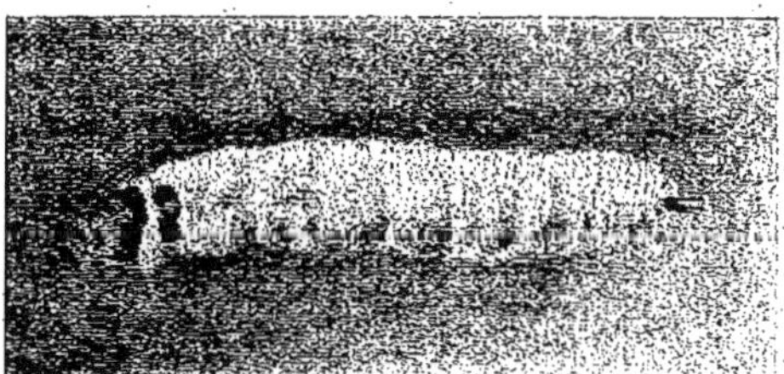

Fig. 22. — Momie d'Eudémis de la Vigne produite par le *Beauveria bassiana*.
(Originale.)

dégénéré, et qu'en ce point se trouvait dans le sang, immédiatement sous la peau, une masse considérable de filaments mycéliens plus ou moins courts, mêlés à un grand nombre d'amaebocytes. Chaque tache peut donc être considérée comme un point
de germination d'une ou plusieurs conidies et ces taches sont

---

(1) F. PICARD. La Teigne des pommes de terre (*Phthorimaea operculella*). *Annales
des épiphyties*, 1913.

loin de se remarquer seulement dans le fond membraneux des replis des appendices.

Le *Beauveria bassiana* se rencontre fréquemment en France en dehors des magnaneries sur des Insectes variés, surtout des chenilles. On le trouve parfois sur la Cochylis et l'Eudémis et on l'a signalé, il y a déjà longtemps sur le Hanneton.

BEAUVERIE (1911) a décrit un nouveau Champignon du genre *Beauveria*, provoquant aussi une muscardine chez le Ver à soie. C'est le *Beauveria effusa* (BEAUVERIE) qui se distingue du précédent par ses hyphes floconneuses et non farineuses, mais dont le mode de production des spores est exactement le même. Il communique au Ver à soie une muscardine rouge, ainsi nommée par BEAUVERIE, non parce que le mycélium est rose comme celui de *Spicaria Aphodii*, il est au contraire d'un blanc pur, mais parce que le sang de l'insecte malade se colore en rouge fauve, teinte que la momie conserve après la mort. Il ne faut pas oublier que les Vers à soie atteints de muscardine ordinaire peuvent parfois être roses, mais cela ne risquera pas de faire confondre les deux espèces, tant est différent le revêtement mycélien de la dragée. Enfin les cultures colorent la pomme de terre en rouge, ce qui n'a pas lieu avec le *Beauveria bassiana*.

Il est probable que le *Beauveria effusa* n'est pas rare dans les magnaneries, mais qu'il avait été confondu anciennement avec le *B. bassiana*. J'ai observé une épidémie naturelle de muscardine, dans des élevages de Chenilles de Teigne des pommes de terre, produite par un *Beauveria* que j'ai assimilé à *B. effusa* (1), les Teignes devenant rouges, le mycélium étant floconneux et les cultures sur pomme de terre, faites tant par M. ARNAUD que par moi, colorant en rouge le milieu.

L'*Isaria densa* (LINK) trouvée en France sur les larves de Hanneton par LE MOULT et étudiée par GIARD dans son magistral mémoire de 1893, et aussi, sous le nom de *Botrytis tenella* (1), par PRILLIEUX et DELACROIX, appartient, à mon avis, au genre

---

(1) *Loc. cit.*

(1) L'espèce n'est pas un *Botrytis*, et le nom de *densa*, adopté par GIARD, ayant a priorité sur celui de *tenella*, doit être conservé.

Beauveria. J'ai reçu, en effet, de M. Le Moult, une série de Champignons, parmi lesquelles une espèce à spores ovales, insérées en zig-zag sur les phialides à la façon de *B. bassiana*, à mycélium floconneux et colorant en rougeâtre la pomme de terre, et que je crois devoir identifier à l'*Isaria densa*. Vuillemin n'a pas osé rapprocher *B. densa* de *B. bassiana*, faute d'avoir pu examiner la première espèce, et il ajoute que les dessins de Giard rappelleraient plutôt un *Sporotrichum* au sens de Link, qu'un *Beauveria*. Mais il ne faut pas plus se fier aux figures de Giard qu'on ne doit se fier aux innombrables dessins représentant le *B. bassiana*, qui tous sont inexacts jusqu'en 1911 où Beauverie

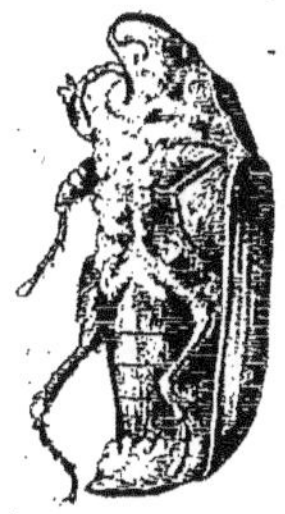

Fig. 23. — Ver blanc momifié par *Beauveria densa*. (D'après Giard).

Fig. 24. — *Beauveria densa* sur Hanneton adulte. (D'après Giard).

donna enfin une figure convenable. D'ailleurs Giard a soupçonné les véritables affinités de son *Isaria*, et il dit bien que les conidies sont portées par un filament en zig-zag. On a l'habitude de citer et de reproduire sa figure 6 (p. 61 du tirage à part), alors que la fig. 7 (p. 62) est beaucoup plus instructive. Elle montre nettement que l'*Isaria* du Hanneton est une Verticilliacée, et la troisième ramification, à partir du haut, est une phialide produisant une série de spores suivant le mode Beauvérien. Le dessin est évidemment un peu fruste et les phialides sont trop grêles, mais chacun sait que Giard était un dessinateur malhabile, lui-même n'en faisait pas mystère, et cette fig. 7 est, somme toute, la représentation la moins inexacte d'un *Beauveria* qui ait été faite avant le mémoire de Beauverie. Dans la fig. 5 de la page 60, on voit nettement vers le haut une phialide en forme de bouteille renflée.

Cependant Lagarde, dans son récent mémoire sur les Champignons cavernicoles, a identifié avec l'*Isaria densa* de Giard, une *Isaria* ayant des spores ovales, des conidies en glomérules, mais n'étant d'après lui ni un *Beauveria*, ni même un Phialidé. La question reste donc en suspens. Je serais étonné néanmoins que l'espèce étudiée par Lagarde fut bien la véritable *Isaria densa*, car elle se trouvait sur des Diptères, hôtes possibles, mais peu probables; d'ailleurs l'auteur n'a observé aucune momification des Insectes attaqués, alors que Giard s'étend longuement sur la formation du sclérote et la momification de l'hôte. Il me suffira de copier une phrase de la description de Giard, pour montrer que celui-ci avait entrevu ce que Beauverie a si bien démontré et que l'*Isaria densa* est bien un *Beauveria:* « Comme un certain nombre de conidies se forment suc » cessivement à l'extrémité d'un filament déterminé, les *pre » mières nées sont rejetées latéralement* (1) et les conidiopho » res se projettent alors de chaque côté de l'hyphe fructifère en » dents de scie alternant avec une certaine régularité de chaque » côté de l'yphe » (2).

D'ailleurs les auteurs qui ont étudié l'*Isaria densa*, ont tous insisté sur le peu de différences qu'il présente avec le *Botrytis bassiana* et Saccardo n'en a même fait qu'une variété. On doit donc, jusqu'à plus ample informé, le ranger dans les *Beauveria* sous le nom de *Beauveria densa* (Link). Il diffère nettement de *B. bassiana* par ses spores légèrement ovales, et se rapproche rait plutôt de *B. effusa* par son mycélium floconneux et la colo ration qu'il communique aux milieux de culture.

Lorsque le Champignon vit aux dépens d'un Ver blanc placé

---

(1) Non souligné dans le texte.

(2) Pendant la correction de ces épreuves, M. Arnaud a bien voulu me faire savoir que le champignon étudié par M. Lagarde, et qu'il a vu, est bien à son avis un *Beauveria*. Les phialides seraient parfois grêles dans *B. densa*, ce qui corres pond d'ailleurs aux figures de Giard. M. Lagarde et moi sommes donc d'accord.

dans un sol argileux et humide, il donne des faisceaux d'hyphes
agrégées qui peuvent former des cordons assez longs se rami-
fiant dans le sol tout autour de la momie. Ce sont ces productions que GIARD a désignées sous le nom d'*Hyphasmates*. Ces
hyphasmates se forment à l'aide des réserves du sclérote conte-
nues dans la momie, mais, par la suite, elles empruntent leur

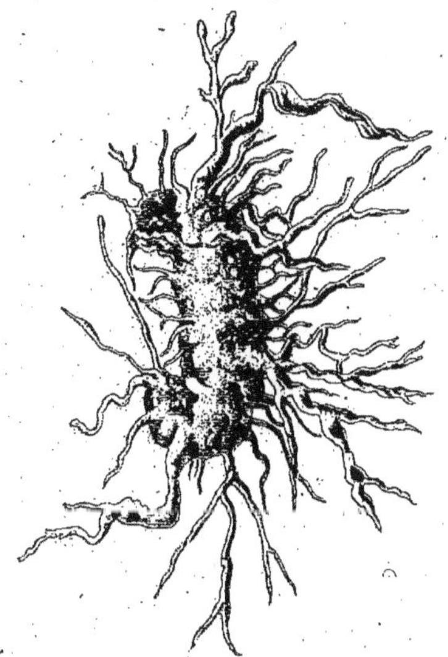

Fig. 25. — Momie de Ver blanc avec hyphasmates. (D'après GIARD).

subsistance aux substances organiques du terrain et vivent, par
conséquent, en saprophytes. Leur existence permet de comprendre comment se contaminent les larves de Hannetons placées
à une certaine distance les unes des autres.

Pour GIARD, les hyphasmates souterrains de l'*Isaria densa*
représentaient l'homologue des hyphes agrégées des *Isaria*
aériennes; il y avait, à son avis, les mêmes rapports qu'entre
une tige aérienne et un rhizome, chez les Phanérogames. DELA-

croix, qui tenait à maintenir l'espèce qui nous occupe dans le genre *Botrytis,* a soutenu que ces formations souterraines ne pouvaient être comparées aux *Isaria* dont les fructifications sont épigées. C'est là une mauvaise raison, parce qu'on ne doit pas se baser sur des caractères aussi évidemment adaptatifs pour étayer une classification. La question a d'ailleurs beaucoup perdu de son intérêt, puisque aujourd'hui chacun est d'accord pour admettre que le genre *Isaria* ne doit pas être maintenu; mais on ne peut nier qu'en 1892, la logique ne fut du côté de GIARD.

Indépendamment du Hanneton, adulte, nymphe et larve, le *Beauveria densa* est susceptible d'infester un grand nombre d'insectes, car il n'est pas plus spécifique que la plupart des autres Hyphomycètes entomophytes. GIARD a réussi à contaminer d'autres Coléoptères: larves de *Tenebrio molitor,* d'*Anomala Frischii* (= *aenea*), de *Polyphylla fullo,* des Lépidoptères: chenilles d'*Acherontia atropos,* de *Sphinx ligustri,* de *Mamestra brassicae,* de *Brotolomia meticulosa,* de *Bombyx* du Mûrier, etc. Dans le cas du Ver à soie, il se produit une muscardine très comparable à celle de *B. bassiana,* mais plus voisine encore de celle de *B. effusa,* parce que le Ver est coloré en rose.

De leur côté, PRILLIEUX et DELACROIX contaminèrent avec succès les larves de Cétoine dorée (*Cetonia aurata*), de *Rhizotrogus solstitialis* et les chenilles d'*Euproctis chrysorrhea.*

Tous les Insectes ne sont pas, cependant, également sensibles à ce Champignon. Les Vers à soie sont toujours tués dans des proportions moindres que par le *Beauveria bassiana* et les Orthoptères paraissent réfractaires, d'après les expériences de GIARD, qui, même par inoculation, ne réussit pas à tuer les espèces suivantes: *Schistocerca peregrina,* divers *Stenobothrus, Decticus verrucivorus, Locusta viridissima.* Les seuls cas positifs sont interprétés par GIARD comme saprophytisme et non comme parasitisme.

Le *Beauveria bassiana* paraît être un facteur appréciable de diminution des Vers blancs, au moins dans les régions à sols gras et humide. En sol léger et surtout dans le sable pur, le Champignon ne forme pas d'hyphasmates, ne peut donc se multiplier à l'état saprophytique, ni par conséquent se conserver sous terre en l'absence de larves, et son action dans de telles conditions ne peut être que très réduite.

Le *Sporotrichum globuliferum* fut décrit en Amérique par SPEGAZZINI. Aux Etats-Unis il parasite divers Insectes, mais a surtout fait parler de lui à propos des épizooties très étendues qu'il détermine chez le *Blissus leucopterus*, Hémiptère très nuisible aux céréales et généralement connu sous le nom de *Chinch-Bug*. TRABUT et DEBRAY l'expérimentèrent avec un certain succès pour la destruction, en Algérie, de l'Altise de la Vigne.

Dans l'Hérault, le *Sporotrichum globuliferum* attaque les Altises adultes et fait périr les individus hibernants dans de fortes proportions, lors des hivers doux et humides. Je n'ai jamais eu l'occasion de le rencontrer sur les larves, ni non plus sur les adultes au printemps et en été.

Ce Champignon présente lui aussi tous les caractères des *Beauveria* et doit prendre le nom de *Beauveria globulifera*. Il est même très voisin du *Beauveria effusa* par ses spores globuleuses et son mycélium floconneux, mais il en diffère parce qu'il ne colore pas en rouge la pomme de terre. Il se distingue de *B. densa* par le même caractère et par la forme de ses conidies et de *B. bassiana* par l'aspect tout autre des cultures, qui sont cotonneuses et non crayeuses.

Il existe donc au moins quatre *Beauveria* (1) entomophytes producteurs de muscardines, que l'on peut différentier par les particularités résumées dans le tableau suivant :

Mycélium farineux ou crayeux			*Beauveria bassiana* (Bals.)
Mycélium floconneux ou cotonneux	spores ovales	colore la pomme de terre en lie de vin, la gélatine en rouge.	*Beauveria densa* (Link).
	spores globuleuses	colore la pomme de terre en rouge, ne colore pas la gélatine.	*Beauveria effusa* (Beauverie).
		ne colore en rouge ni la pomme de terre, ni la gélatine.	*Beauveria globulifera* (Speg.)

(1) Je remercie vivement M. Arnaud, chef des travaux à la station de pathologie végétale de Paris, des précieux renseignements qu'il m'a fournis sur les *Beauveria* et d'autres champignons entomophytes.

Il faut remarquer que ces colorations du milieu ne sont pas absolument constantes, en ce sens qu'elles sont sujettes à s'atténuer à la longue, par repiquages successifs. Giard a montré que la virulence de l'*Isaria densa* diminuait en même temps que la coloration du substratum et disparaissait avec elle. Il y aurait donc là un moyen pratique commode de s'assurer de la valeur d'une culture que l'on voudrait employer dans des essais d'infestation artificielle.

Beauveria bassiana est toujours facile à distinguer des trois autres espèces et Saccardo a eu tort de faire de *B. densa* une simple variété de *bassiana*. Au contraire *densa, effusa* et *globulifera* sont très voisines si l'on n'attribue qu'une faible importance à la coloration du milieu.

La famille des Verticilliacées comprend encore le genre *Verticillium* qui diffère des précédents par des phialides étroites, rigides et pointues, portant une seule spore à leur extrémité.

Le *Verticillium heterocladum* Penzig, a été rencontré fréquemment sur des Cochenilles, *Lecanium hesperidum*, etc., et paraît exister dans le monde entier. Fron et Vincens l'ont observé sur des chrysalides de Cochylis et d'Eudémis, et ce dernier également sur des nymphes de *Pimpla* et de *Pteromalus* qui les parasitaient. Fron a tenté des essais d'infection, mais n'a obtenu que des résultats incertains; il n'ose donc se prononcer sur le parasitisme de cette espèce. Vincens a été plus heureux avec les Vers à soie, et regarde donc le *Verticillium heterocladum* comme parasite.

Trabut cite la même espèce sur *Parlatoria zizyphi*, en Algérie, et ne la considère pas comme envahissante.

Le *Verticillium aphidis* a été décrit par Baumler d'après des échantillons trouvés sur des Pucerons morts, et le *Verticillium oxana* est une espèce imparfaitement décrite par Danysz et Wize qui l'ont trouvé sur le *Cleonus punctiventris*, Charançon de la Betterave.

Le genre *Acrostalagmus* possède encore des conidiophores en verticilles, mais les conidies qui naissent à la pointe de chaque phialide, au lieu de se détacher à mesure, comme chez les *Verti-*

cillium, restent agglomérées par une sorte de mucilage. L'*Acrostalagmus coccidicola* a été découvert par GUÉGUEN sur des Cochenilles qu'il enveloppait d'un mycélium de teinte jaune. Il pénètre dans l'intérieur de l'Insecte, mais sans former de sclérote. Il n'a pu réussir aucune inoculation sur des Coccides du Laurier rose.

L'*Hyalopus Yvonis* DOP, possède des glomérules de conidies assez analogues à ceux de l'*Acrostalagmus coccidicola.* Il a été observé par DOP sur une Cochenille des plus nuisibles, l'*Aspidiotus perniciosus,* ou Pou de San-José.

Le genre *Acremonium* renferme des espèces à phialides aiguës, éparses ou subverticillées, portant des spores uniques. L'*Acremonium coccophilum* a été découvert en Algérie par TRABUT, sur des feuilles d'Oranger couvertes de *Parlatoria zizyphi.* Les essais de contamination qu'il a tentés ne lui ont pas donné de résultats probants. WIZE a décrit deux autres espèces, *Acremonium cleoni* et *soropsis,* trouvées toutes deux sur des *Cleonus.*

On connaît encore bien d'autres Hyphomycètes parasites des Insectes, notamment des *Sporotrichum.* Mais ce genre, comme le genre *Botrytis* a servi de débarras, pour placer des espèces hétéroclites et pour la plupart mal étudiées. J'ignore, pour ma part, ce que sont au juste, le *Sporotrichum parvulum* PASSERINI, du Frelon, le *Sp. Lecanii* PECK, des *Lecanium,* le *Sp. minimum* SPEGAZZINI, des Fourmis, le *Sp. entomophilum* PECK, des larves de la Galéruque de l'Orme (1), etc., et je crois que beaucoup de naturalistes sont dans le même cas. Je ne puis donc que les citer en espérant que des recherches ultérieures permettront de compléter les descriptions, généralement insignifiantes, par lesquelles on les a distinguées.

GIARD a désigné, sous le nom de Cladosporiées entomophytes un ensemble de formes, n'ayant pas de grands rapports au point de vue systématique, mais qui se ressemblent par leur action

---

(1) Cette espèce doit cependant se retrouver dans le midi de la France et c'est sans doute elle que VALÉRY-MAYET a observée sur les nymphes de *Galerucella luteola* et qu'il a désignée sous le nom d'*Empusa.*

biologique sur les Insectes. Ce sont des Champignons généralement peu virulents et qui font, en quelque sorte, la transition
entre les Champignons pathogènes et les espèces saprophytes qui
ne végètent que sur les cadavres. GIARD les opposait aux Isariées
entomophytes, qu'il vaut mieux appeler aujourd'hui Verticilliacées entomophytes, espèces productrices de muscardines vraies
et dont le genre *Beauveria* nous donne la meilleure idée.

Les Cladosporiées entomophytes appartiennent à des genres
dont la plupart des espèces sont connues comme saprophytes.
Ces Champignons peuvent vivre sur les Insectes, d'après GIARD,
soit comme entomonastes, c'est-à-dire, somme toute, comme com-
mensaux, soit comme parasites superficiels, soit, comme entomoctones. On ne doit pas confondre les parasites superficiels, qui
végètent souvent sur les Insectes vivants et qui sont parfois spécifiques, avec les saprophytes, moisissures banales, *Penicillium*
et autres, qui envahissent les cadavres d'Insectes et s'en accom-
modent comme de toute autre substance organique.

Quant aux Cladosporiées entomoctones, elles tuent leur hôte
par un processus bien différent de celui des Verticilliacées ou
des Entomophthorées ; ce n'est pas par une destruction graduelle
des tissus, mais par l'obstruction des voies respiratoires. L'Insecte meurt d'asphyxie.

L'un des plus connus parmi ces Champignons, est celui que
GIARD a décrit sous le nom de *Lachnidium acridiorum* et qui doit
sans doute rentrer dans le genre *Fusarium*. Il est parasite du
Criquet pèlerin (*Schistocerca peregrina*) et fut envoyé à GIARD,
d'Algérie, par KUNCKEL D'HERCULAIS.

Ce Champignon a ceci de curieux qu'il se présente sous deux
formes différentes : l'une d'elles, la forme *Fusarium*, se trouve
exclusivement sur les cinq ou six derniers anneaux de l'abdomen, surtout du côté ventral. Le mycélium porte des spores
droites ou arquées, souvent cloisonnées, de 12 à 28 μ. En culture
les spores mesurent 25 à 35 μ et ont trois à quatre cloisons. Le
milieu de culture est coloré en jaune.

La seconde forme (forme *Cladosporium*) se trouve sur les
côtés du thorax et de la tête, la base des élytres, la jointure des

premiers segments de l'abdomen. Le mycélium, rempli de globules réfringents, porte de très nombreuses spores, dont les unes sont simples et ovoïdes et mesurent 6 μ, et dont les autres qui mesurent de 8 à 12 μ, sont uniseptées et étranglées au niveau du cloisonnement. Cette forme *Cladosporium* n'a pu être reproduite en culture.

La maladie que détermine le *Lachnidium* est peu grave. Giard et Trabut n'ont pu le communiquer à divers Orthoptères (*Locusta viridissima, Decticus verrucivorus, Stenobothrus,* etc.) que par inoculation. Ces Insectes survivent souvent fort longtemps, le Champignon végète superficiellement et ne tue son hôte qu'en l'asphyxiant, s'il vient à envahir les trachées.

Il y a donc peu à compter sur le secours que peut offrir cette espèce pour la diminution des Acridiens, d'autant que son développement exige des conditions d'humidité rarement réalisées en Algérie.

A côté des *Fusarium* se placent les *Microcera,* qui sont, comme je l'ai dit, les formes conidiennes des *Sphaerostilbe.* Elles ne diffèrent guère des *Fusarium* vrais que par leur mycélium moins diffus.

D'autres Cladosporiées entomophytes sont plus virulentes que le *Fusarium acridiorum.* Elles appartiennent à deux genres créés par Giard, *Penomyces et Polyrhizium.* Le *Polyrhizium leptophyei* a été trouvé par Giard au bois de Meudon, sur un Orthoptère, le *Leptophyes punctatissima.*

Les Insectes tués par les *Penomyces* affectent des attitudes analogues à ceux qui sont infestés par les Entomophthorées; le *Penomyces cantharidum* Giard, s'attaque au *Cantharis (Telephorus) lividus* et au *Ragonycha melanura,* qui meurent cramponnées aux feuilles des arbres, le long de la nervure principale, la tête tournée vers le pétiole, ou le long des nervures secondaires, la tête vers la nervure principale. Le *Penomyces telarium* Giard forme un feutrage épais tout autour des cadavres d'Insectes, *Ragonycha melanura* et *Phygadicus urticae.*

Le genre *Cladosporium* à conidies si variables de formes et de dimensions dans la même espèce, généralement uni ou triseptées, parfois étranglées au niveau des cloisons, offre tous les passages entre la vie saprophytique et le parasitisme.

L'espèce la plus commune est le *Cladosporium herbarum* (Link) qui vit sur toutes sortes de substances organiques et surtout sur les feuilles pourries, et que l'on rencontre fréquemment sur les Insectes morts en compagnie de diverses moisissures. Guéguen dit l'avoir rencontré sur des *Chermes* du *Mesembryanthemum edule*, mais il s'agit sans doute de *Pulvinaria mesembryanthemi* (1). M. Arnaud me l'a montré sur d'autres Cochenilles, mêlé à des *Penicillium*.

On a décrit plusieurs *Cladosporium* parasites d'Insectes. Ils ne se trouvent pas tous sur des cadavres, mais peuvent attaquer l'animal vivant, comme le *Cladosporium parasiticum* que Sorokin a observé sur le *Polyphylla fullo* aux environs de Kharkow (Russie). Il était assez abondant pour déterminer une véritable épizootie. Son mycélium s'entortille sur l'abdomen et sous les élytres et ne pénètre pas dans les tissus.

Les *Cladosporium penicillioïdes* Preuss et *Aphidis* Thümen, dont le premier a été trouvé sur des Chrysalides et le second sur des cadavres de Puceron, ne sont peut-être que des saprophytes, comme celui que Cornu et Brongniart ont observé sur le *Phylloxera* de la Vigne. Beaucoup de mycologues admettent que toutes ces espèces se rattachent au *C. herbarum*, si variable, et n'en sont que des races adaptées à certains hôtes. Le parasitisme de la plupart de ces formes est mal établi.

C'est encore dans les Cladosporiées entomophytes qu'il faut placer l'*Epichloea divisa* trouvé par Giard dans le corps d'un Ephémère et que Guéguen suppose être un *Dematium* à thalle dissocié par suite de sa vie dans le corps d'un Insecte. L'*Halisaria gracilis* Giard parasite du Diptère maritime *Clunio maritima*, à Wimereux, paraît peu virulent. Enfin le *Chromostylium chrysorrheae* Giard, est parasite du Bombycide *Euproctis chrysorrhea*.

---

(1) Le genre *Chermes* est, en effet, un genre de Pucerons spéciaux au conifères. L'auteur a voulu dire *Kermes*, Cochenilles qui vivent sur les *Quercus ilex* et *coccifera*.

Parmi les Cladosporiées entomophytes, il en est certainement de pathogènes et d'autres presque inoffensives. Les essais d'infestation artificielle ne réussissent pas toujours, mais il en est de même, bien souvent, pour des Entomophthorées très virulentes et ces insuccès ne suffisent pas pour nier le parasitisme.

La famille des Stilbellacées renferme les Champignons dont le mycélium donne des hyphes agrégées et souvent dressées. Ce n'est pas un groupement naturel et il est destiné à disparaître. Le genre *Isaria* est celui qui renferme le plus d'espèces entomophytes, mais j'ai déjà dit que ce genre devait être rayé de la nomenclature et qu'il renfermait des espèces appartenant aux groupes les plus éloignés. Il y a des *Isaria* de *Penicillium* (*Isaria destructor = Penicillium anisopliae*), des *Isaria* de *Spicaria* (*Isaria farinosa*), des *Isaria* de *Gibellula* (*Isaria arachnophila*), de *Beauveria* (*Isaria densa*), etc. Certaines sont des formes conidiennes de *Cordyceps* (*I. farinosa, Barberi, sphecophila, sphingum, melanopus*), d'autres ont pour état ascosporé des *Torrubiella* (*I. cuneispora*).

Toutes ces *Isaria* ne sont pas semblables à elles-même par le mode de production des spores; les unes les émettent en chapelets à l'extrémité de phialides (*I. destructor, I. farinosa*), les autres en zig-zag et la réunion des phialides forment des glomérules (*I. densa*), d'autres encore ont des conidies isolées portées par de longs conidiophores (*I. eleutheratorum*); elles diffèrent aussi par le mode d'agrégation des hyphes, et il n'y a guère de ressemblance entre les stromas compacts et dressés de l'*Isaria farinosa*, les fins et courts clavules de l'*Isaria destructor*, et les hyphasmates de l'*I. densa*.

Le terme d'*Isaria* ne doit donc pas servir à dénommer un genre, mais à caractériser l'état corémié ou agrégé que prennent par convergence les Champignons les plus variés, et qui est sans doute rendu plus fréquent par le parasitisme sur les Insectes. Dans les cultures la forme *Isaria* n'apparaît jamais au début; parfois elle ne se manifeste jamais, comme pour le *Beauveria densa,* mais souvent elle se montre lorsque la culture commence à vieillir.

GIARD a comparé les différentes formes que l'on peut rencontrer chez le même Champignon aux stades divers de l'évolution de beaucoup d'animaux qui se présentent successivement sous l'état de larve, de chrysalide et d'imago, par exemple, ou encore de Polype et de Méduse. Le rapprochement n'est pas entièrement exact, en ce sens que le développement d'un Insecte se poursuit sous l'action de causes internes et ne dépend que dans une faible mesure des causes extérieures; c'est ainsi qu'une nymphe évolue forcément en imago, si le cours de son existence n'est pas brutalement interrompu, tandis qu'un mycélium diffus n'est pas nécessairement destiné à donner une *Isaria* pas plus que celle-ci ne produira inéluctablement à un moment donné un état ascosporée. Tout ici, dépend des conditions du milieu. Si l'on voulait faire des comparaisons dans le règne animal, il faudrait les chercher dans les organismes qui, lorsque varient les circonstances extérieures, se modifient pour revêtir une forme se retrouvant assez analogue chez des espèces variées, par exemple l'état de kyste déterminé par le desséchement du milieu, ou encore

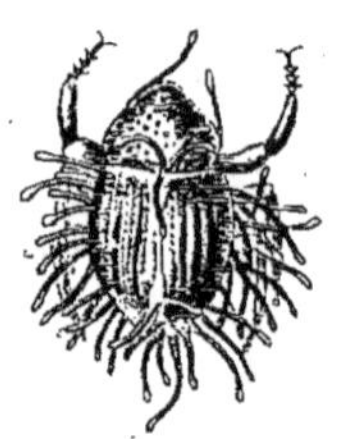

Fig. 26. — *Stilbella Buqueti* sur *Pycnopus bufo*. (D'après Ch. ROBIN).

celui d'hypope qui est commun à beaucoup d'Acariens. On sait qu'une foule de ces animaux ont deux sortes de nymphes, l'une mobile et libre, l'autre immobile et fixée aux téguments des Insectes, qui se rencontre lorsque les conditions de vie deviennent défavorables. On distinguait autrefois un genre Hypope, comme on distingue un genre *Isaria*, et on s'est aperçu que ces Hypopes n'étaient que les états transitoires de *Tiroglyphus*, de *Rhizoglyphus* et de bien d'autres genres.

Le genre *Stilbella* (1) comprend des formes agrégées comme le genre *Isaria*, et n'est pas plus naturel. Je citerai le *Stilbella Buqueti* décrit par ROBIN qui l'a observé sur divers Charançons exotiques, le *Stilbella ramosa* PECK, parasites de larves lignivores, etc.

____

(1) Plus connu sous le nom de *Stilbum* qui est préoccupé.

Enfin les *Aschersonia* renferment aussi des espèces à stroma formé d'hyphes agglomérées, chez lesquelles les conidies sont produites dans des conceptacles en partie immergés dans le stroma. On en connaît plusieurs espèces, parasites de Cochenilles et d'Aleyrodides, et dont certaines paraissent jouer un rôle important dans la destruction de ces Insectes. Je citerai *Aschersonia Aleyrodis* et *A. flavo-citrina* qui attaquent l'*Aleyrodes citri*, Insecte nuisible aux Aurantiacées, aux Etats-Unis et surtout en Floride.

CONSIDERATIONS SUR LES MYCOSES DES INSECTES

Les Insectes, comme les Vertébrés, sont sujets à de très nombreuses maladies. Parmi ces maladies, celles qui sont le mieux étudiées sont d'origine parasitaire. Elles sont donc généralement contagieuses et déterminent facilement des épizooties. Ces épizooties auront d'autant plus de chances de se généraliser que l'espèce atteinte sera plus nombreuse en individus et que ces individus seront davantage concentrés sur les mêmes points. Les Insectes les plus communs sont donc ceux qui payent le plus lourd tribut aux maladies et, parmi eux, ceux qui attaquent les végétaux cultivés seront dans des conditions particulièrement favorables pour être décimés. De même que les plantes de grande culture, surtout dans les régions de monoculture, sont, pour des raisons qui n'ont pas à être développées ici, plus sujettes aux ravages des Insectes que les plantes spontanées, les espèces qui les dévastent, rassemblées en nombre immense sur le même végétal, dont les individus s'étendent sur de larges espaces qu'aucun intervalle ne divise, seront frappées plus intensément que celles qui vivent aux dépens de plantes sauvages. Aussi aux années d'invasions sans limite succèdent presque toujours des années de disparition presque complète des Insectes nuisibles, car ces périodes de dégâts sont en même temps celles qui conviennent le mieux à la propagation des maladies.

Les organismes capables de provoquer ces épizooties sont les mêmes chez les Insectes que chez les animaux supérieurs. Chez les uns comme chez les autres existent des maladies à Bactéries, à Champignons, à Protozoaires et des cas de parasitisme interne ou externe produits par des Arthropodes, des Helminthes, etc. Il n'est pas jusqu'aux maladies à Polyèdres, dont la cause reste encore énigmatique, que l'on n'ait cherché à rapprocher de certaines affections des Vertébrés (maladies à inclusions) et PROVAZECK a même créé son groupe des Chlamydozoaires pour des parasites souvent hypothétiques qui seraient les agents, d'après lui, de ce type d'affections (rage, trachôme, etc.). Mais, chez les Vertébrés, le rôle principal revient aux Bactéries, et les Champignons ne prennent qu'une faible part aux causes de mortalité. Les maladies qu'ils déterminent sont peu communes et surtout peu contagieuses, donc rarement et faiblement épidémiques. Chez les Insectes, au contraire, si les affections microbiennes apparaissent plus fréquentes qu'on ne le pensait, à mesure que la science progresse, et si les Bactéries du groupe des Coccobacilles, notamment, se sont montrées, dans ces dernières années, très riches en espèces pathogènes, ce n'en sont pas moins les Champignons qui restent de beaucoup les destructeurs les plus communs et les plus redoutables.

Nous savons que les Champignons envahissent fort souvent les cadavres d'Insectes et vivent en saprophytes; il est bon de noter que des espèces très virulentes pour certains Insectes peuvent végéter ainsi en saprophytes sur d'autres qu'elles seraient incapables de tuer. GIARD admet que le *Beauveria densa* ne tue pas les Orthoptères et que si, après des tentatives d'inoculation, on voit pousser un mycélium sur quelques-uns de leurs cadavres, c'est que quelques conidies restées dans l'organisme ou à sa surface, tant que l'Insecte a vécu, ont germé après sa mort et se sont développées à ses dépens comme sur un milieu organique quelconque. De semblables cas peuvent constituer des causes d'erreur contre lesquelles les expérimentateurs doivent être prémunis.

La différence entre la symbiose et le parasitisme, qui paraît considérable au premier abord, l'est surtout en ce qui concerne le résultat final pour l'hôte, mais le genre de vie du végétal ne diffère guère dans les deux cas et il est parfois bien difficile de dire où s'arrête la symbiose et où commence le parasitisme.

Les parasites proprement dits, producteurs de mycoses, sont pour la pratique, ceux qui doivent le plus arrêter notre attention. Il y aussi passage insensible du saprophytisme au parasitisme et le point de départ est mal établi chez les *Cladosporium*. Un Champignon peut d'ailleurs être parasite sans être pathogène, comme c'est le cas des Laboulbéniacées qui empruntent leur nourriture au tégument sans déverser dans l'organisme de substances toxiques, ni provoquer de lésions graves. Celles qui perforent la chitine et détruisent les nappes adipeuses sont peut-être plus dangereuses, sans cependant qu'il soit possible de le prouver quant à présent, puisque l'on observe des individus fortement atteints et dont aucune fonction vitale ne paraît supprimée ni ralentie. Ces entomophytes ne seraient guère nuisibles que lors d'une infection généralisée, encombrant les tarses, les jointures des appendices, etc., et rendant difficile la préhension des aliments ou la locomotion. Beaucoup de Cladosporiées ne paraissent pas beaucoup plus redoutables, quoique étant sans doute des parasites vrais.

Quant aux véritables Champignons pathogènes, les uns sont mortels facultativement ou même accidentellement ; ce sont ceux qui végètent superficiellement et qui ne parviennent à tuer leur hôte que dans les cas où le mycélium devient particulièrement envahissant et obstrue les trachées. Cette mort pas asphyxie est déterminée chez les Acridiens par le *Fusarium* (*Lachnidium*) *acridiorum*. Les autres produisent des mycoses généralisées aboutissant à une mort certaine après une période courte d'incubation ; ce sont les Entomophthorées et les Verticilliacées qui offrent les exemples les plus typiques de ces affections à marche rapide et c'est à ces cas qu'est réservé le nom de muscardine *sensu stricto*. L'organisme est alors envahi par des filaments courts ou allongés se répandant d'abord dans le sang, puis pénétrant dans tous les tissus qu'ils détruisent et remplacent en constituant finalement un feutrage serré et en durcissant le corps de l'Insecte qui devient une momie ou dragée.

Toutes les mycoses à allure foudroyante ne rentrent cependant pas dans le cadre des muscardines vraies, c'est-à-dire qu'elles ne s'accompagnent pas forcément de la momification de la victime. On peut même trouver les deux cas chez des Champignons très voisins, chez les *Penicillium*, par exemple, dont certaines espèces, *P. anisopliae* et *Briardi*, transforment l'Insecte en dragée, tandis que le *P. penicillioïdes* ne durcit pas les cadavres et ne développe sous les téguments qu'un mycélium assez lâche.

Parfois la substance entière de l'hôte est désagrégée et détruite. C'est ce qui se produit chez les Cochenilles attaquées par un Ascomycète, le *Myriangium Duriei*. Ce Champignon observé dans divers pays, et que l'on trouve à Montpellier, formant des croûtes noirâtres sur les rameaux de *Laurus nobilis* parasités par l'*Aonidia lauri*, avait tout d'abord été considéré comme parasite des végétaux, mais on ne le trouve que sur ceux qui portent des Cochenilles. Son mycélium les englobe, s'insinue dans tout le corps, le dissocie et ne respecte finalement que des débris de carapace qui sont enfouis dans le thalle, fait qui avait trompé les premiers observateurs.

Fig. 27. — Rameau de *Laurus nobilis* couvert d'*Aonidia lauri* parasitées par le *Myriangium Duriei*. (Originale).

Il existe deux modes d'infection : chez les Mucédinées, les conidies germent à travers le tégument, tandis que chez les Entomophthorées, il semble bien, d'après les expériences récentes, que l'Insecte s'infeste en ingérant des spores. Dans tous les cas, la chitine n'oppose qu'une faible barrière à la pénétration et on sait que certaines Laboulbéniacées la perforent normalement. Il est possible que cette perforation soit plus fréquente aux lieux de moindre résistance, c'est-à-dire les membranes intersegmentaires, mais tous les points de la peau peuvent être percés. L'envahissement par les stigmates n'est certainement pas habituel et n'a jamais été observé avec certitude. On sait que les stigmates, chez la plupart des Insectes, sont munis d'appareils leur permettant de se défendre contre les poussières et d'autres corps étrangers et il est douteux que les conidies puissent s'introduire par cette voie.

Les tissus des Invertébrés et en particulier ceux des Insectes, réagissent beaucoup moins aux infections que ceux des Vertébrés; cependant ils réagissent, et l'action de certaines Bactéries a été étudiée à ce point de vue sur les Chenilles par Metalnikov. Dans les muscardines, l'organisme attaqué ne demeure pas entièrement passif devant l'invasion des conidies et des filaments mycéliens dans son sang, et, dès le début de l'attaque, les phagocytes se portent en quantité considérable aux points de pénétration. Cette multiplication des amaebocytes au début de la maladie avait été vue pour la première fois par DE BARYE pour les muscardines à *Spicaria farinosa,* avant même que la phagocytose eût été découverte par METCHNIKOFF; elle fut observée de nouveau par GIARD dans le cas des Vers blancs parasités par *Beauveria densa,* et j'ai eu l'occasion de l'étudier à nouveau et de la figurer chez des Teignes des pommes de terre *(Phthorimaea operculella)* que j'avais infectées à l'aide du *Sporotrichum (Beauveria) globulifera.*

La production des mycoses et leur virulence dépend pour une part considérable de l'état biologique de l'Insecte. On a même parfois supposé que les Insectes malades ou affaiblis étaient les seuls à se contaminer, assertion manifestement fausse. Tous les Insectes peuvent être tués par les parasites qui leur sont propres si les circonstances extérieures s'y prêtent. Il n'en est pas moins vrai que leur résistance peut varier selon les périodes de leur existence. KRASSILISTSCHIK a déjà démontré le même fait pour les Bactéries, à propos du *Bacillus graphitosus,* agent de la graphitose du Hanneton. Il a vu que la nocivité du parasite diminue notablement aux périodes de mues et pendant la métamorphose. Ces époques sont généralement considérées comme critiques dans la vie des Insectes et on aurait pu supposer qu'ils offriraient à ce moment une résistance diminuée, mais il n'en est pas nécessairement ainsi dans tous les cas et la métamorphose est accompagnée d'un remaniement des tissus, de variations dans la composition des humeurs et de phagocytose, conditions qui peuvent ne pas convenir à certaines infections. PORTIER a montré que les Chenilles de Vanesses infectées par les conidies aériennes de ses Champignons étaient incitées à muer plus rapidement et pouvaient ainsi échapper à la contagion.

KRASSILISTSCHIK a observé aussi que les larves jeunes étaient plus sensibles à l'action du *Bacillus graphitosus* que les larves plus âgées. L'étude des rapports de l'état de l'organisme avec les infections mycosiques est en somme peu avancée et il est à désirer qu'elle soit entreprise méthodiquement tant pour son intérêt biologique que pour son importance pratique.

Les conditions du milieu extérieur ont une importance bien plus grande encore que les conditions internes et c'est pour n'en pas tenir compte que les praticiens qui veulent utiliser les Champignons pathogènes enregistrent tant d'échecs et finissent souvent par douter de l'action de ces végétaux. Nous avons vu, à propos de l'*Aspergillus flavescens,* qu'un Champignon normalement saprophyte peut devenir pathogène à partir d'une certaine température. Mais l'action de la température est bien surpassée encore par celle de l'humidité. Les sclérotes des Insectes muscardinés ne produisent de mycélium conidifère que dans une atmosphère suffisamment humide et par conséquent la contagion ne peut être assurée que si cette condition est remplie. Il en est de même pour la germination des spores sur les téguments qui ne peut avoir lieu en milieu sec, comme il est facile de s'en assurer expérimentalement. Dans la nature c'est lors des hivers doux et humides que l'on observe les épizooties à *Beauveria globulifera* sur les Altises, et, de tous les facteurs nécessaires pour assurer la rapide extension de la maladie, l'état hygrométrique est le plus important. L'étude précise des différents facteurs externes est bien loin d'avoir été poussée suffisamment, pour la plupart des mycoses, et il est cependant indispensable de le faire, avant de songer à quelque application pratique que ce soit.

La virulence des Champignons entomophytes, est, comme nous
le savons, très variable suivant les espèces. Il est à remarquer
que les espèces symbiotiques et les parasites non ou peu virulents (*Laboulbéniacées, Lachnidium*), sont généralement beaucoup plus spécifiques que les espèces très pathogènes. On peut
faire une comparaison, à cet égard, avec les Trypanosomes, qui
renferment des espèces non pathogènes, étroitement spécifiques
(*Trypanosoma rotatorium* de la Grenouille, *T. Lewisi* du Rat
brun, etc.) et des espèces très virulentes et mortelles, non spécifiques (*T. Evansi, T. Brucei*, etc.). Il s'est produit dans l'un et
l'autre groupe, probablement en partie par sélection, une accou-
tumance progressive entre l'hôte et le parasite, de sorte que
celui-ci devient de moins en moins nocif; en même temps, il
s'adapte graduellement à l'hôte en question, au point de ne plus
pouvoir vivre en dehors de lui. On conçoit ainsi que la spécificité
marche de pair avec la diminution de la virulence, et on peut
admettre que les parasites sont d'autant plus anciens qu'ils sont
moins dangereux.

Cette théorie est corroborée par le fait que les Champignons
très pathogènes et peu spécifiques, comme les *Beauveria*, par
exemple, qui attaquent une foule d'Insectes, sont capables à
l'occasion de mener une vie saprophytique; tel est le *Beauveria
densa*, qui se développe aux dépens des matières décomposées du
sol, condition très favorable d'ailleurs au maintien de l'espèce
et à la propagation de nouvelles épizooties. Ces Champignons
peuvent donc être considérés comme des parasites récents, touchant encore de près aux saprophytes stricts, tandis que les formes spécialisées ont perdu depuis longtemps la propriété de
végéter sur les substances organiques et ne sont généralement
pas cultivables (*Laboulbéniacées*).

Si la virulence varie suivant les espèces, elle varie aussi chez
le même Champignon. On peut l'atténuer ou la renforcer pour
un Insecte donné, comme on le fait pour les Bactéries, et on peut
aussi rendre virulent pour un insecte A, un Champignon qui ne
tuait primitivement que l'espèce B. L'atténuation de la virulence
s'obtient habituellement avec facilité par des repiquages succes-

sifs de cultures. Les lignées ainsi obtenues, qui au début étaient aptes au parasitisme et au saprophytisme, finissent par devenir simplement saprophytes et par perdre tout pouvoir pathogène. Ces questions de diminution et d'exaltation de la virulence ont été, cela va sans dire, serrées de beaucoup moins près que pour les Bactéries, mais elles ne manquent pas d'intérêt pratique. On ne doit pas perdre de vue que tenter des essais d'infection en se servant de cultures provenant d'un certain nombre de passages serait s'exposer à un insuccès, et beaucoup en ont fait l'expérience à leurs dépens. Il sera prudent également de ne pas tenter la destruction d'un Insecte au moyen d'un Champignon recueilli sur un autre Insecte, sans avoir, par une série d'essais préliminaires, renforcé sa virulence pour l'espèce à combattre.

Les Champignons entomophytes se rencontrent dans tous les ordres d'Insectes sans exception. Les autres Arthropodes terrestres n'en sont pas exempts et l'on en connaît un bon nombre qui sont parasites d'Araignées. KIRCHNER a également signalé un *Sporotrichum* qui attaque un Acarien, le *Tarsonemus spirifex*, espèce nuisible à l'Avoine cultivée.

ESSAIS D'UTILISATION PRATIQUE

On a vu quelle est l'importance des mycoses dans la diminution des Insectes nuisibles et combien elles contribuent à faire disparaître certaines espèces après les années de grandes invasions. Les naturalistes n'ont pas été sans remarquer, depuis longtemps déjà, ce rôle bienfaisant et ils se sont demandés si l'Homme ne pourrait pas tirer un meilleur parti encore des Champignons par une exaltation de leur action, au lieu de se contenter de profiter, sans intervenir, de la destruction naturelle qu'ils occasionnent. Les tentatives faites dans cette voie par des personnalités comme METCHNIKOFF et KRASSILISTSCHIK en Russie, GIARD en France, FORBES et SNOW en Amérique, TRABUT en Algérie, intéressèrent vivement les agriculteurs et, à côté de quelques contradictions et critiques acerbes, qui ne sont ni pour étonner ni pour émouvoir les hommes de science qui s'occupent d'une façon désintéressée des problèmes pratiques, ils reçurent de nombreuses marques de sympathie et toute l'assistance matérielle qu'ils pouvaient désirer.

On peut se demander pourquoi les praticiens, qui manifestent généralement la plus vive incrédulité à l'égard des moyens de lutte biologique, notamment l'utilisation des Insectes auxiliaires, malgré les succès positifs et maintes fois contrôlés de cette méthode, s'enthousiasment avec une aussi grande facilité lorsqu'il ne s'agit plus d'Insectes mais de Champignons. C'est que le genre de vie et l'action utile des premiers sortent trop de leurs constatations ordinaires et leur paraissent un peu vagues et mystérieuses. Ils connaissent les Coccinelles et savent qu'elles dévorent les Pucerons et les Cochenilles, mais ne se rendent pas compte de l'intensité de destruction dont elles sont capables. Ils ont peine à s'imaginer que les Ichneumonides et les Chalcidiens, dont ils ont ouï parlé, mais qu'ils n'ont jamais observés, prennent une part quelconque dans la diminution de leurs ennemis. Ils ont vu pour la plupart, au contraire, à quel point est virulente et contagieuse la muscardine dans une magnanerie, ils se sont félicités des épizooties frappant subitement de mort toutes les Chenilles bourrues qui se trouvaient dans leurs vignobles, ils ont remarqué les cadavres de Mouches qui se collent à l'automne contre leurs fenêtres, ou les amas d'Insectes de toutes sortes rassemblés au sommet des chaumes. Les mots de maladies, de contagion, d'épidémies parlent davantage à leur imagination que ceux de prédateurs ou de parasites, et surtout ils entrevoient déjà la possibilité de répandre, au moyen d'appareils qui leurs sont familiers, à la façon d'insecticides, des spores ou des liquides virulents, qui, dans leur esprit, extermineront les Insectes jusqu'au dernier.

Ils savent bien que l'élevage et la multiplication des Insectes parasites échapperont toujours à leur compétence et qu'ils ne cesseront de dépendre, à ce point de vue, de naturalistes spécialisés. Ce qui les séduit dans l'emploi des Champignons, c'est l'espoir de prendre en main la méthode, qu'ils supposent simple, et de se libérer plus rapidement de ceux qui dans l'ombre du laboratoire auront préparé leurs succès. Lequel d'entre eux se rappelle les noms de Cornu, de Balbiani, de Grassi, qui ont élucidé la question compliquée du Phylloxéra ; lequel sait quelles difficultés on a dû vaincre avant qu'il puisse lutter efficacement contre l'Oïdium et le Mildiou ; lequel ne se croit pas le créateur d'une méthode particulière et infaillible, alors qu'il ne fait qu'appliquer la technique que d'autres qu'il ignore ont payée de mille peines. Il faudra perdre ces illusions, car quelque soit l'avenir réservé à la lutte par les Champignons entomophytes, on peut affirmer que l'emploi de ces organismes ne rendra de services qu'entre les mains des naturalistes.

Avant d'exposer quels sont, à mon avis, les services que l'on peut raisonnablement demander aux Champignons entomophytes et de démontrer qu'ils sont bien différents de ce que supposent généralement les agriculteurs, je résumerai très brièvement quelques-uns des essais pratiques qui ont été tentés jusqu'ici, en indiquant, autant que possible, les causes de succès ou d'insuccès de chacune de ces entreprises.

Il ne suffit pas pour un Champignon d'être pathogène pour que son utilisation soit à recommander. C'est ainsi que l'emploi des Entomophthorées qui tuent tous les individus qu'elles parasitent, aurait bien des chances d'aboutir à un échec. J'ai dit quelle difficulté on rencontrait, même en laboratoire, en faisant varier de toute façon les conditions du milieu, pour obtenir à coup sûr des contaminations. On sait que la faculté germinative des conidies est de peu de durée et que l'infestation se produit par la voie digestive, ce qui diminue beaucoup les chances de contagion. Nous savons aussi que les Entomophthorées ne se cultivent pas, hors l'exception récente de l'*Empusa muscae*, ce qui réduit à se servir, pour les expériences, de cadavres fraîchement momifiés qui conservent peu de temps leur virulence.

Les Entomophthorées (1) ont cependant donné lieu à beaucoup d'essais, dont aucun n'a été continué bien longtemps, ce qui tend à prouver qu'ils n'ont pas été couronnés de succès. On avait entrepris, aux Etats-Unis, la destruction du *Chinch-bug*

---

(1) Une Mucorinée (*Mucor exitiosus* Massee) a donné lieu à des essais pour combattre les Acridiens dans l'Afrique australe. BORDAGE (*Bullet. scientif. Fr. et Belg.* 1913, p. 396) l'a expérimentée à la Réunion contre l'*Acridium septemfasciatum*, avec succès au laboratoire, mais sans résultats dans la nature, à cause de la sécheresse de la saison.

(*Blissus leucopterus*) au moyen de l'*Entomophthora aphidis*, que ces Punaises hébergent souvent à l'état naturel, mais ces tentatives furent rapidement abandonnées par suite de l'emploi du *Sporotrichum globuliferum*, facile à cultiver et par conséquent à répandre sur de larges espaces, et qui contamine toujours, du moins au laboratoire.

SPEARE et COLLEY firent, en 1912, des expériences importantes avec une autre *Entomophthorée*, l'*Empusa aulicae*, dans le but de détruire le *Cul-doré* (*Euproctis chrysorrhea*), Lépidoptère d'origine européenne introduit aux Etats-Unis, où il commet des ravages bien plus considérables que dans sa patrie.

Pour obtenir le matériel nécessaire, les bourses qui abritent les Chenilles furent recueillies pendant l'hiver, ouvertes par une insision et placées en chambre humide. Des chenilles atteintes de la maladie furent placées dans ces nids. Au printemps, de grandes caisses furent remplies de nids d'hiver. Les unes, où les chenilles furent copieusement nourries, de façon à obtenir rapidement des individus de grande taille, fonctionnaient comme boîtes d'élevage (*rearing boxes*); les autres, dans lesquelles on plaçait les chenilles contaminées obtenues en hiver, étaient des boîtes d'infection (*disease boxes*); les chenilles y étaient mal nourries et maintenues dans une atmosphère humide.

Pour répandre ensuite la maladie, les opérateurs ouvraient les nids qu'ils rencontraient dans la campagne et y inséraient les cadavres de chenilles. Il se servaient aussi de sacs en papier contenant chacun une vingtaine de chenilles fraîchement contaminées; ces sacs étaient suspendus dans les arbres envahis, puis déchirés, et les larves qu'ils contenaient allaient se répandre sur les feuilles, se mêler à leurs congénères et semer la maladie parmi elles.

Les deux meilleurs moments pour opérer, sont le printemps, lorsque les *Euproctis* ont quitté les nids d'hiver et commencent à prendre de la nourriture, et l'automne, avant le tissage des bourses. Cette dernière saison doit être préférée, car indépendamment de la mortalité immédiate que déterminent les infections, elles entraînent souvent une épizootie naturelle au printemps suivant.

La réussite dépend pour une grande part des facteurs météorologiques et en particulier de la chaleur des nuits à l'époque de la dissémination et de l'humidité de l'atmosphère. SPEARE et COLLEY considèrent la méthode comme très efficace et véritablement pratique; ils obtiennent, en général, une mortalité de 60 à 100 %. Cependant ils avouent que les échecs ne sont pas rares, et que même au laboratoire les infections sont très irrégulièrement obtenues dans les *disease-boxes*. Il arrivait même souvent que le Champignon exerçait des ravages dans les *rearing-boxes* où il n'avait pas été introduit et s'y montrait aussi virulent que dans les *disease-boxes* où il était semé. Ce résultat est peu surprenant, car dans les essais de contamination que j'ai entrepris avec l'*Arctia caja*, au moyen du même Champignon, les chenilles que je gardais comme réserve, mouraient dans les mêmes proportions que celles qui étaient en expérience. Ces constatations font douter du succès de la méthode, et on peut se demander si les résultats obtenus par SPEARE et COLLEY ne sont pas dus pour une grande partie à des épidémies naturelles. Si les conditions, en effet, conviennent à une bonne contamination artificielle, elle conviendront de même aux épizooties naturelles, qui fatalement se déclareront et se généraliseront.

Il ne faudrait cependant pas se hâter de conclure qu'on ne pourra jamais tirer parti des Entomophthorées. Si l'on peut arriver à cultiver pratiquement en grand, et sans diminuer la virulence, l'*Empusa muscae*, il est probable que nous possèderons un puissant moyen de combattre la Mouche domestique, surtout en mêlant des spores aux substances qui servent de nourriture aux larves .

L'avenir est, en tous cas, aux Champignons qui se cultivent aisément, et il y aura toujours intérêt à se servir des formes conidiennes plus répandues, plus faciles à obtenir et formant un bien plus grand nombre de spores, et non des formes ascosporées, qui, dans la nature, ont une action beaucoup moins étendue.

Les premières tentatives d'une utilisation pratique des Mucédinées furent celles de Metchnikoff qui essaya, en 1878, de détruire les *Anisoplia* des céréales au moyen de l'*Isaria destructor* (*Penicillium anisopliae*). Ces tentatives eurent un grand retentissement et les résultats furent jugés assez favorables pour que, dans les années qui suivirent, Krassilistschik entreprit de généraliser la méthode en s'attaquant au Cléone de la Betterave (*Cleonus punctiventris*) chez lequel on a observé aussi la Muscardine verte à l'état naturel.

Les premiers essais furent tellement encourageants que Krassilistschik fonda à Smelk une usine destinée à produire assez de spores pour poursuivre les expériences sur de grandes étendues. D'après lui, les épizooties ainsi provoquées détruisirent de 50 à 80 % des Cléones. Cependant ce mode de destruction n'eut qu'une existence éphémère et l'usine fut bientôt fermée. A l'engouement du début, succéda une indifférence générale et Krassilistschik l'attribue à la crise de la Betterave sucrière qui, en avilissant les prix, rendait les agriculteurs moins désireux d'augmenter leurs rendements et de lutter contre les Insectes.

La Muscardine verte rendit encore des services à une époque plus rapprochée de nous, en Amérique. En 1910, Rorer s'en servit à la Trinité pour combattre un Hémiptère, ennemi de la Canne à sucre, le *Delphax saccharicida*; il répandait les conidies après les avoir mélangées avec de la farine. A la Dominique, ce procédé est employé sur de grandes surfaces, pour un autre Hémiptère, *Tomaspis posticus,* et les rapports faits à son sujet concluent tous à une parfaite efficacité. Il est prudent cependant d'attendre encore quelques années avant de porter un jugement définitif.

Le *Penicillium anisopliae* paraît plus virulent pour les Coléoptères que pour les Lépidoptères et les essais que j'en ai faits sur la Cochylis, l'Eudémis et la Teigne des pommes de terre, ne donnèrent pas un brillant résultat. Ce ne serait donc pas l'espèce à propager dans ces cas particuliers, et il faudrait donner la préférence aux Verticilliacées.

En France, les premières expériences ayant un caractère scientifique furent poursuivies sous la direction et sous l'impulsion de GIARD, avec l'*Isaria densa,* dans le but de détruire le Hanneton, surtout à l'état de larve. Des Vers blancs momifiés par ce Cryptogame furent observés dans la Mayenne par M. LE MOULT, et ce praticien dévoué pensa qu'il y aurait possibilité de répandre cette maladie et d'en tirer parti. GIARD le confirma dans ces vues et après une étude morphologique et biologique du parasite et des essais d'infection en laboratoire, il fut décidé que des tentatives seraient faites sur le terrain.

GIARD conseilla deux méthodes différentes : soit la récolte des Vers muscardinés dans les foyers naturels et leur enfouissement dans les sols indemnes, soit l'épandage des spores obtenues par cultures. On peut aussi enterrer ces cultures ellesmêmes.

Il est bon de recueillir les momies au moment où elles sont à leur maximum de sporulation, mais ce n'est pas nécessaire car elles continueront à germer dans le nouveau terrain. Les foyers artificiels ainsi créés s'étendront de proche en proche par contamination des Vers, végétation des hyphasmates aux dépens des substances organiques et brassage des spores par les façons culturales. GIARD et LE MOULT ont toujours insisté sur l'importance qu'avait la récolte de la terre entourant les cadavres, car elle est toujours remplie de mycélium et surtout de conidies.

Il n'est pas toujours facile d'utiliser les gisements naturels et on devra alors avoir recours aux cultures ou encore aux momies produites industriellement. L'avantage des cultures est de pouvoir être employées à toute époque de l'année, tandis que les cadavres ne peuvent guère être récoltés en quantité suffisante qu'au moment des labours. M. LEIZOUR, suivant en cela les recommandations de DELACROIX, utilisa un autre procédé, qui consistait à infester les Hannetons adultes, mais cette méthode est peu recommandable car les adultes se contaminent.

moins facilement que les larves, produisent moins de spores
et surtout des spores moins virulentes. DELACROIX voulait ainsi
créer des réserves pour contaminer ensuite les larves; quant
au lâchage dans la campagne de Hannetons trempés dans une
eau contenant des spores en suspension, il est évidemment inef-
ficace, car il ne peut tuer que les individus ainsi traités et ne
contribuerait en rien à la contagion.

Mais un emploi très généralisé exige absolument le concours
des cultures. La main-d'œuvre nécessitée pour la récolte des
Vers blancs destinés à fournir les momies est trop onéreuse et
l'élevage de ces animaux est fort délicat. GIARD et LE MOULT
préconisèrent donc surtout les cultures sur pommes de terre,
coupées en vingt morceaux au moment de s'en servir et enfouies à raison de quinze tubes à l'hectare, soit pendant un
labour, soit en creusant des trous avec un piquet.

Dans tous les points de la France et dans beaucoup de pays
étrangers des essais furent entrepris suivant ces indications, un
grand nombre d'agriculteurs s'en montrèrent satisfaits et pu-
blièrent les résultats favorables obtenus. D'autres échouèrent
complètement, et GIARD montra que dans la plupart des cas, ces
échecs provenaient de fautes de technique. Les expériences de
DUFOUR, notamment, faites à Lausanne, furent certainement
très mal conduites et leur succès eut été surprenant.

GIARD a insisté en particulier sur l'influence de la nature du
sol. Seuls les terrains argileux conviennent à l'*Isaria densa* et
surtout au développement des hyphasmates, et il est inutile
d'espérer détruire par ce moyen les Vers blancs dans les sols
sableux. Les expériences tentées pendant l'hiver ne doivent pas
non plus réussir parce que la température ne permet pas le
développement du mycélium et que les larves sont enfouies trop
profondément.

Les résultats les plus favorables furent ceux que l'on cons-
tata dans la Mayenne, département autrefois dévasté par le
Hanneton, et dans lequel la diminution de cet Insecte a frappé
tous les praticiens. Il est certain que c'est dans ce département,
sous l'impulsion de M. LE MOULT, que la lutte fut conduite avec

le plus d'énergie, mais c'est aussi celui où les gisements naturels de larves muscardinées étaient les plus abondants, et la même objection se pose toujours, à savoir si l'on se trouve en présence d'épizooties naturelles ou de maladies artificiellement provoquées.

Même en tenant compte de l'engouement des agriculteurs au début, suivi généralement d'indifférence, on doit admettre que la multiplication des foyers de muscardine n'a pas été inutile dans la Mayenne et a contribué pour sa part à la diminution des Hannetons.

Fig. 28. — Altise de la vigne (*Haltica ampelophaga*) tuée par le *Beauveria globulifera*. (Originale.)

Un autre Champignon, le *Sporotrichum globuliferum* (*Beauveria globulifera*) a donné lieu à des essais en grande culture, plus importants encore que pour l'*Isaria densa*. Ces essais furent entrepris d'abord en Amérique par Forbes et par Snow, pour combattre le *Chinch-bug* et eux aussi eurent un grand retentissement. TRABUT eut alors l'idée d'utiliser la même espèce contre l'Altise de la Vigne en Algérie, et grâce à des cultures qui lui furent transmises par GIARD, il put procéder à des tentatives de contamination de l'Altise, qui réussirent parfaitement. DEBRAY fit aussi des expériences analogues, également suivies de succès, mais qui ne franchirent pas les limites du laboratoire.

TRABUT procéda de la façon suivante: il disposa les cultures du Champignon dès l'automne dans les abris d'hiver de l'Altise, haies, broussailles, etc. Il conseilla même de faire des abris artificiels près des Vignes en plantant des *Pennisetum*, des *Ruppelianum*, des *Mesembryanthemum* et d'autres plantes, et d'y placer des cultures. Il récolta aussi des Altises au moyen de l'entonnoir classique et les contamina; il se procura ainsi des momies couvertes de mycélium qu'il dissémina dans les gîtes. Les expériences entreprises en 1892 ne donnèrent aucun résultat appréciable dans les trois années qui suivirent, mais de toute part, en 1896, on trouva des foyers d'Altises muscardinés et le parasite fut considéré comme définitivement acclimaté. Depuis de nouvelles disséminations furent faites et des Altises tuées furent trouvées tous les ans.

Les essais anciens de SNOW et de FORBES, en Amérique, furent repris dernièrement avec une rigueur scientifique plus grande et une installation meilleure, par BILLINGS et GLENN, toujours dans le but de détruire le *Chinch-bug*, et ils consignèrent les détails de leurs expériences très étendues et leurs résultats dans un important mémoire qu'il m'est impossible d'analyser en détail. Je me contenterai de résumer leurs conclusions, qui sont, il faut l'avouer, assez pessimistes.

D'après les deux auteurs, le *Sporotrichum globuliferum* existe naturellement dans toutes les parties du Kansas soumises aux ravages du *Chinch-bug*, et en telle abondance qu'un épandage de spores ferait l'effet d'une goutte d'eau dans la mer. Sa distribution naturelle dans les champs est plus uniforme que toute dissémination artificielle ne pourrait l'être.

Dans les champs où la présence naturelle du Champignon est

évidente, ses effets sur le *Chinch-bug* ne peuvent être accélérés
par l'introduction artificielle de spores, et dans ceux où sa présence n'est pas évidente, l'introduction artificielle n'a aucun
effet appréciable. Cette absence apparente est d'un mauvais
augure et fait préjuger des conditions défavorables à l'extension
du *Sporotrichum*.

Les *Sporotrichum* présents dans le champ réalisent à eux
seuls le maximum de bénéfices que l'on peut espérer retirer
de l'infestation des *Chinch-bugs*; l'humidité a beaucoup à voir
avec l'apparition de la maladie; l'infection artificielle, rien.

Les Punaises sont à l'état naturel, dans une atmosphère généralement fraîche et sèche, avec une abondante nourriture, dans
des conditions tout autres qu'au laboratoire, et leur contamination est loin d'être aussi facile à réaliser.

L'erreur dans laquelle les agriculteurs sont tombés, en
croyant au succès de la méthode, provient de ce qu'ils n'ont pas
su distinguer les épizooties naturelles de celles qui étaient artificiellement provoquées et de ce qu'ils ont pris des mues pour
des cadavres de *Chinch-bugs* (1).

Les conclusions des deux auteurs américains sonnent-elles
donc le glas de nos espérances en matière d'utilisation des
Champignons entomophytes ? A mon avis, elles ne sonnent que
celui de l'épandage des spores à la façon d'un insecticide. Il
faut se pénétrer de cette idée que partout où un Insecte nuisible
abonde, les spores des Champignons qui le déciment existent
aussi. Lorsque les conditions climatériques le permettent, l'épizootie se déclare; mais nous sommes impuissants à modifier ces
facteurs météorologiques et il serait inutile de répandre des
conidies là où elles se trouvent déjà et où elles ne germent pas
à cause de la sécheresse de l'atmosphère.

Il en est des Champignons parasites des Insectes comme du
Mildiou. Lors des années froides et humides, il envahit les vigno-

---

(1) Le fait s'est produit dernièrement en France à propos d'infestation de Pucerons lanigères par des spores de champignons. Les cadavres de *Schizoneura lani-
gera*, dont on a tant parlé et qui ont fait le tour de la presse agricole, n'étaient
que des mues d'*Aphis mali*.

bles et, si l'on répandait des spores, la maladie ne serait pas plus intense; si la saison est sèche, il n'apparaît pas et toutes les spores que l'on pourrait semer seraient dépensées en pure perte.

Si nous pouvions intervenir pour modifier les conditions du milieu, les résultats seraient sans doute différents. La chose est rarement possible, mais c'est cependant ce que les viticulteurs allemands se sont efforcés de faire en buttant leurs souches à l'automne, dans l'espoir de conserver l'humidité et de créer une atmosphère favorable au développement de la *Spicaria farinosa*, parasite des chrysalides de Cochylis. Ils affirment obtenir par ce moyen une mortalité de 80 %.

Nous pouvons modifier aussi l'équilibre qui s'établit entre l'extension d'un Insecte et ses causes de destruction, en introduisant un Champignon inconnu dans la région, c'est-à-dire un facteur de plus de diminution pour l'espèce nuisible. C'est ainsi que Thabut envoya dans l'Hérault des cultures de *Sporotrichum globuliferum* pour combattre l'Altise. Elles ne donnèrent, au dire des agriculteurs, aucun résultat. C'est qu'ils en escomptaient les bénéfices immédiats et pensaient voir les Altises disparaître au moment de l'épandage. Mais dans l'hiver 1911-1912, on a pu constater une mortalité considérable de ces Insectes du fait du *Sporotrichum*, et ils furent peu nombreux au printemps. L'hiver doux et pluvieux avait très bien convenu à l'éclosion d'une épizootie généralisée (1).

L'usage des Champignons ne constituera donc jamais un *traitement*. Leur action ne peut être immédiate, mais on peut en tirer parti, en introduire de nouveaux, qui rendront service lors des saisons humides, multiplier les foyers existants, comme font les Américains, pour les espèces destructrices de

____

(1) Il faut admettre pour que mon exemple ait toute sa portée, que le *Beauveria globulifera* n'existait pas anciennement en Europe. Nul botaniste ne l'a en effet signalé, mais une telle confusion règne parmi les anciennes descriptions, qu'on peut regarder la question comme insoluble. En tous cas cela n'enlève rien à mon argumentation, car on est certain de l'origine exotique de l'Oïdium et du Mildiou, et on voit qu'un champignon introduit peut se répandre avec une extrême rapidité.

Cochenilles et d'*Aleyrodes* (*Ægerita, Aschersonia, Ophionectria, Sphaerostilbe, Myriangium,* etc.), créer des conditions favorables à leur multiplication et à leur dispersion, etc. Il y a un champ vaste ouvert à l'activité des naturalistes, mais à eux seuls, car tout ce qui sera tenté dans cette voie est de leur ressort et non de celui des agriculteurs.

Ces derniers devront abandonner le rêve qui leur est cher de provoquer à volonté des épizooties immédiates par des aspersions magiques, et je ne saurais mieux terminer que par cette phrase empruntée au beau mémoire de GIARD sur l'*Isaria densa*: « Il faut aider la nature et non pas la suppléer ».

BIBLIOGRAPHIE

1886 ARTHUR (J.-C.). — *Entomophthora phytonomi.* — *Bullet. of. N. Y. Agric. experim. Station.* January 1886.

1886 ARTHUR (J.-C.). — On a new larval *Entomophthora.* — *Botanical Gaz.,* XI, 1886, p. 14.

1894 ATKINSON (G.-F.). — Artificial cultures of an entomogenous Fungus. — *Botan. Gaz.,* p. 129.

1837 AUDOUIN. — Recherches anatomiques et physiologiques sur la maladie contagieuse qui attaque les Vers à soie et qu'on désigne sous le nom de muscardine. — *Annales des Sc. nat.,* 2ᵉ série, Zoologie, t. VIII, 1837.

1904 BACCARINI (P.). — Noterelle micologische. — *Appendice al nuovo giornale botan. italiano,* N° 9, vol. XI, Firenze.

1867 BAIL. — Ueber Pilzepizootien der forstveheereuden Raupen. — *Schriften d. Naturf. Gesellsch. zu Dantzig,* n. série II, fasc. 2.

1869 BAIL. — Pilzepidemie an der Forleule, *Noctua piniperda* L. — *Dankelmann's Zeitschrift fur Forst- und Jagdwesen.* Bd. I, p. 243-247.

1870 BAIL. — Weitere Mittheilungen über den Frass und das Absterben der Forleule, *Noctua piniperda.*— *Dankelmann's Zeitschrift fur Forst- und Jagdwesen.* Bd II, p. 135-144.

1867 BARYE (DE). — Zur Kentniss insectentödtender Pilze. — *Botanische Zeitung,* 1867.

1911 BEAUVERIE (J.). — Sur une muscardine du Ver à soie non produite par le *Botrytis bassiana* Bals. Etude du *Botrytis effusa* sp. nov. — *Rapport de la commiss. administr. du laboratoire d'Etudes de la soie de Lyon,* t. XIV.

1899 Beauverie (J.) et Vaney (Cl.). — Sur l'*Isaria arbuscula* Hariot, d'une nymphe de Cigale du Mexique. — *Ann. de la Soc. Linn. de Lyon* (8 p., 3 fig.)

1910 Berger (E.-W.) — White fly control. — *Univ. of Florida. Agr. exp. station.* Bullet. 103, sept. 1910.

1889 Berlese (A.-N.). — Rivista delle Laboulbeniacee e descrizione d'una nuova specie di questa famiglia. — *Malpighia*, vol. III, p. 44, pl. II.

1883 Bessey (C.-E.). — A new species of insect destroying Fungus. — *American Naturalist*, XVII, december 1883.

1911 Billings (F.-H.). and Pressley A. Glenn. — Results of the artificial use of the white Fungus disease in Kansas: with notes on approved methods of fighting Chinch-bug. — *U. S. dep. of Agric. Bureau of Entomol.* Bullet. n° 107, 21 déc. 1911.

1885 Boudier (Em.). — Note sur un nouveau genre et quelques nouvelles espèces de Pyrénomycètes. — *Revue mycolog.*, VII, 1885.

1887 Boudier (Em.). — Notice sur deux Mucédinées nouvelles, l'*Isaria cuneispora* ou état conidiale de *Torrubiella aranicida* Boudier, et le *Stilbum viridipes*. — Rev. mycol., IX, p. 173.

1893 Brabant (E.). — Note sur le *Cordyceps militaris*. — *Bullet. Soc. entom. de France*, 13 décembre 1893, p. CCCXXXI.

1855 Braun (A.). — Algarum unicellularum genera nova et minus cognita. — Leipzig 1855, p. 105.

1870 Brefeld (O.). — Entwicklungsgeschichte der *Empusa muscae* und *Empusa radicans*. — *Bot. Zeitung*, XXVIII, 1870.

1871 Brefeld (O.). — Untersuchungen über die Entwicklung der *Empusa muscae* und *Empusa radicans*. — *Abhdl. d. naturf. Gesellch. zu Halle*, XII, fasc. 1.

1881 Brefeld (O.). — Entomophthora radicans. — *Botanische untersucht, über Schimmelpilze*, IV, p. 97. Leipzig.

1889 Brongniart (Ch.). — Les Entomophthorées et leur application à la destruction des Insectes nuisibles. — *Le Naturaliste* 1889, n° 45.

1892 BRONGNIART (Ch.). — Note sur les Champignons parasites du Criquet pélerin. — *Bull. de la Soc. entom. de Fr.*, 24 fév., p. LIX.

1900 BRUNER and LAWRENCE.— Chinch bug inoculation.— *Nebraska Farmer*. July. 19.

1894 BRUNER, LAWRENCE and H. G. BARBER. — Experiments with infections diseases for combatting the Chinch-bug. — *Bull. Nebraska Agr. Stat.* May 1894, n° 34.

1899 CAVARA. (F.). — Di una nuova Laboulbeniacea, *Rickia Wasmanni* n. g., n. sp. — *Malpighia* 1899, 3° année, vol. XIII, p. 173.

1909 CAMARA PESTANA. — Destruction du *Lecanium oleae* par le *Sporotrichum globuliferum*. — *Bullet. Agric. de l'Alg. et de la Tunisie*, 15° année, n° 6.

1908 CÉPÈDE (Casimir) et François PICARD. — Contribution à la biologie et à la systématique des Laboulbéniacées de la flore française. — *Bullet. scientif. de la Fr. et de la Belgique*, t. XLII.

1913 CHATTON (E.). — *Coccidiascus Legeri* n. g., n. sp., Levûre ascosporée parasite des cellules intestinales de *Drosophila funebris* Fabr. — *C. R. Soc. Biol.*, 25 juillet.

1909 CHATTON (E.) et F. PICARD. — Contribution à l'étude systématique et biologique des Laboulbéniacées: *Trenomyces histophthorus*, endoparasite des Poux de la Poule domestique. — *Bull. Soc. mycol. de Fr.*, t. XXII, 3° fasc., 1909.

1855 COHN (F.). — *Empusa muscae* und die Krankheit der Stubenfliegen. — *Nova acta Acad. caesareae Leop. Carol. Germ. Nat. Curiosorum*, XXV, 1855, I.

1875 COHN (F.). — Ueber einige neue Pilzkrankheit der Erdraupen. — *Cohn's Beitrag.*, 1, 1875.

1907 CONTE (A.) et L. FAUCHERON. — Présence de levûres dans le corps adipeux de divers Coccides. — *C. R. Acad. Sc.*, CXLV, p. 1223.

1909 CONTE (A.) et D. LEVRAT. — Les maladies des Vers à soie. La muscardine. — *Rapp. lab. études de la soie de Lyon*, vol. XIII (1906-1907). Rep. 1909 (12 p.).

1891 COOK (A.-J.). — On carrying Chinch-bug disease over winter.
     — *Insect life*, vol. 3, n° 6. March 1891.

1892 COOKE (M.-C.). — Vegetable Wasps and plant Worms. — London 1892.

1873 CORNU (M.). — Note sur une nouvelle espèce d'*Entomophthora*.
     — *Bull. soc. Bot. Fr.*, XX.

1878 CORNU (M.) et Ch. BRONGNIART. — Épidémie causée sur des
     Diptères du genre *Syrphus* par un Champignon du genre
     Entomophthora. — *Congr. Assoc. Av. des Sc.* Paris, août
     1878.

1879 CORNU (M.) et Ch. BRONGNIART. — Observations nouvelles sur
     les épidémies sévissant sur les insectes. Diptères (*Scato-
     phaga*) tués par un Champignon (*Entomophthora*). — *Ass.
     Fr. p. l'Av. des Sc.* Montpellier, septembre 1879.

1881 CORNU (M.) et Ch. BRONGNIART. — Champignons observés sur
     un Insecte. Du rôle des Champignons dans la nature. — *Ass.
     Fr. Av. Sciences*. Alger. 1881.

1889 CUBONI (G.). — Experienze per la diffusione della *Entomoph-
     thora grylli* Fres. contro la cavallete. — *Nuov. Giorn. Bot.
     Ital.*, XXI, 1889, p. 340.

1894 DANYSZ (J.). — Quelques expériences d'infestation du Silphe
     opaque avec *Sporotrichum globuliferum* et *Isaria destruc-
     tor*. — *Bull. Soc. entom. Fr.*, juillet 1894.

1895 DANYSZ (J.). — Maladies contagieuses des animaux nuisibles,
     leurs applications en agriculture. — Paris-Nancy, 1895.

1903 DANYSZ (J.) et K. WIZE. — Les entomophytes du Charançon
     des Betteraves à sucre (*Cleonus punctiventris*). — *Ann.
     Inst. Pasteur*, XVII, juin 1903.

1898 DEBRAY (F.). — Le Champignon des Altises. — *Revue de Viti-
     culture*, n° 227, p. 482.

1891 DECAUX. — Sur un moyen de destruction des Insectes nuisi-
     bles à la Betterave et aux Céréales. — *C. R. Acad. Sciences*,
     CXXIII, pp. 568-569.

1891 DECAUX. — Les Acridiens, leurs invasions en Algérie et en
     Tunisie, moyen rationnel de destruction. — *Revue des Sc.
     Nat. appliq.*, XXXVIII, n° 23.

1894 DEGAUX. — Essai pratique de destruction des Insectes nuisibles par les Cryptogames entomophytes. — 1892.

1891 DELACROIX (G.). — Le Hanneton et sa larve, les moyens empiriques de destruction, la moisissure parasite. — *Journ. d'Agric. pratique*, 23 et 30 juillet, 6 et 13 août 1891.

1893 DELACROIX (G.). — *Isaria dubia*. — *Bull. soc. mycol.*, p. 264.

1894 DELACROIX (G.). — Observations sur quelques formes *Botrytis* parasites des Insectes. — *Bullet. soc. mycol. Fr.*, p. 177.

1894 DELACROIX (G.). — *Oospora destructor*, Champignon produisant sur les Insectes la muscardine verte. — *Bull. Soc. mycol.*, 1894.

1897 DELACROIX (G.). — Quelques espèces parasites nouvelles. — *Bull. Soc. mycol.*, t. XIII. 2e fasc.

1894 DEL GUERCIO (G.). — Di una infezione crittogamica manifestazi nel *Caloptenus italicus* Burm. nelle basse pianure florentine. — *Bull. Soc. Bot. Ital.*, 1894.

1859 DIESING (K.-M.). — Revision der Rhyngöden. — *Sitzungber. der Kais. Acad. d. Wissenschaft*, XXXVII Bd., p. 752, pl. I.

1891-1892 DUFOUR (J.). — Le Champignon parasite des Vers blancs. — *Chronique agricole du canton de Vaud*. — Nov. 1891 et août 1892.

1894 DUFOUR (J.). — Ueber die mit *Botrytis tenella* zur Beckämpfung die Maikäferlarven erzieren Resultate. — *Forstl. naturw. Zeitschrift*, 1894, p. 249.

1000 ESCHERICH. — Ueber das Regelmässige Vorkommen von Sprosspilzen in dem Epithel eines Käfers. — *Biolog. Centralblatt*, XX, 1900.

1908 FAWCETT (H.-S.). — Fungi parasitic upon *Aleyrodes citri*. — *Univ. of Florida, Special Studies* n° 1. June 1908.

1898-1899 FERRY (R.). — Révision du genre *Cordyceps*. (Traduct. française du mémoire de Massee, 1895). — *Revue mycolog.*, avril-juillet 1898, janvier 1899.

1891 FLETCHER (J.). — Chinch-bug disease. — *Insect life*, vol 3, n° 6. March 1891, p. 285.

1883 FORBES (S.-A.). — Memoranda with regard to the contagious

236   F. PICARD

diseases of Insects and the possibility of using the virus of the sames for economic purposes. — *Canad. Entom.*, sept. 1883, and Americ. Natur., nov. 1883, vol. 17, p. 1170.

1888 FORBES (S.-A.). — On present state of our knowledge concerning contagious Insect diseases. — *Psyche,* vol. 5, jan-feb., 1888.

1888 FORBES (S.-A.). — Epidemic diseases of the Chinch-bug in Illinois. — *Insect life,* vol. 1, n° 4, october 1888, p. 193.

1892 FORBES (S.-A.). — The work of the year on contagious diseases of Insects. — *Insect life,* vol. 5, n° 1, sept. 1892, p. 68.

1894 FORBES (S.-A.). — The Chinch-bug in 1894. Contagious disease experiments. — *Bull. Stat. entom. Illinois,* n° 5, 1894.

1895 FORBES (S.-A.). — Experiments with the muscardine disease of the Chinch bug and with the Trap and Barrier method for the destruction of that Insect. — *Illinois agric. exper. Station,* n° 38, mars 1895.

1896 FORBES (S.-A.). — On contagious diseases in the Chinch bug. — *Nineteenth report. Stat. entom. Illin.,* 1896, p. 16-141.

1892-1893 FRANK (A.). — Prüfung der Verfahrends, die Maikäferlarvens mit *Botrytis tenella* zu vertilgen. — *Deutsche Landw. Presse,* XIX°, 1892-1893.

1856 FRESENIUS (G.). — Insecten Pilze betreffend. — *Botan. Zeitung,* XIV, 1856.

1858 FRESENIUS (G.). — Ueber die Pilzgattung *Entomophthora.* — *Abhdl. d. Senck. naturf. Gesellsch,* 11, 2° partie. Francfort 1858.

1892 FREUDENRIECH (Ed. von). — Ueber vertilgungsversuche der Engerlinge, mittels *Botrytis tenella.* — *Landw. Jahrb. der Schweiz,* 1892.

1911 FRON (G.). — Note sur quelques Mucédinées observées sur *Cochylis ambiguella.* — *Bull. soc. mycol. Fr.* t. XXVII, 4° fasc., 1911.

1912 FRON (G.). — Sur une Mucédinée de la Cochylis. — *Bull. Soc. mycol. Fr.* t. XXVIII, 2° fasc., 1912.

1912 GEE WILSON (P.) et A. BALLARD-MASSEY. — *Aspergillus* infecting *Malacosoma* at high temperature. — *Mycologia,* vol. IV, n° 5, p. 279, sept. 1912.

1886 GERCKE (G.). — Dipterologische Mittheilungen. — *Wiener entomol. Zeit.*, p. 168, pl. XI, fig. 14.

1879 GIARD (A.). — Sur un Champignon parasite du *Chironomus riparius*. — *C. R. Ass. Fr. p. l'Av. des Sc.*, VIII, 1879.

1879 GIARD (A.). — Deux espèces d'Entomophthorées nouvelles pour la flore française et présence de la forme *Tarichium* sur un Muscide. — *Bull. Scient. Fr. et Belg.*, XI.

1880 GIARD (A.). — Note sur les Syrphes et Entomophthorées, relative à l'application possible de la culture de certains Champignons inférieurs à la destruction des Insectes nuisibles et en particulier du Phylloxéra. — *C. R. Acad. Sc.*, XC, p. 504.

1880 GIARD (A.). — Fragments biologiques. Syrphes et Entomophthorées. — *Bull. Scient. Fr. et Belgique*, XII, p. 353.

1888 GIARD (A.). — Sur quelques Entomophthorées. — *Bullet. Scientif. Fr. et Belg.*, XIX, p. 298.

1888 GIARD (A.). — Note sur deux types remarquables d'Entomophthorées, *Empusa Fresenii* Now. et *Basidiobolus ranarum* Eid., suivie de la description de quelques espèces nouvelles. — *C. R. Soc. Biol.*, XL., p. 783.

1889 GIARD (A.). — Note sur *Sorosporella agrotidis* Sorokin. — *Bull. scientif.*, XX, p. 81.

1889 GIARD (A.). — De insectorum morbis qui fungis parasitis efficiuntur, par G. KRASSILISTSCHICK (analyse critique). — *Bull. scientif.*, XX, p. 180.

1889 GIARD (A.). — Sur quelques types remarquables de Champignons entomophytes. — *Bullet. Scientif.*, XX, p. 197.

1891 GIARD (A.). — Sur une *Isaria* parasite du Ver blanc. — *C. R. Soc. Biol.*, XLIII, p. 236.

1891 GIARD (A.). — Observations et expériences sur les Champignons parasites de l'*Acridium peregrinum*. — *C. R. Soc. Biol.*, XLIII, p. 493.

1891 GIARD (A.). — Sur la transmission de l'*Isaria* du Ver blanc au Ver à soie. — *C. R. Soc. Biol.*, XLIII, p. 507.

1891 GIARD (A.). — Sur les Cladosporiées entomophytes, nouveau groupe de Champignons parasites des Insectes. — *C. R. Acad. Sc.*, CXII, p. 1518.

1891 Giard (A.). — Nouvelles recherches sur le Champignon para-
    site du Hanneton vulgaire (*Isaria densa* Link). — *C. R.
    Soc. Biol.*, XLIII, p. 575.

1891 Giard (A.). — Sur l'*Isaria densa* Link, parasite du Ver blanc.
    — *C. R. Acad. Sc.*, CXIII, p. 269.

1892 Giard (A.). — Le Criquet pèlerin (*Schistocerca peregrina* Ol.)
    et son Cryptogame parasite, *Lachnidium acridiorum*. —
    C. R. Soc. Biol., XLIV, p. 2.

1892 Giard (A.). — Sur une Laboulbéniacée (*Thaxteria Kunckeli* n
    g., n. sp.) parasite de *Mormolyce phyllodes* Hagenbach. —
    C. R. Soc. Biol., XLIV, p. 156 et *Bullet. soc. entom.*, LXI,
    p. LX.

1892 Giard (A.). — Réponse à M. Charles Brongniart relativement
    au Champignon du Criquet pèlerin. — *Rev. génér. de
    Botan.*, IV, p. 449.

1892 Giard (A.). — L'*Isaria densa* (Link) Fries, Champignon para-
    site du Hanneton commun (*Melolontha vulgaris* L.). —
    Bullet. Scientif. Fr. et Belgique, t. XXIV, 7 fig. et 4 pl.

1893 Giard (A.). — Sur l'*Isaria tenuis*. — *Bullet. Soc. entom.*, LXII,
    p. L.

1893 Giard (A.). — A propos du *Massospora Staritzii* Bresedola. —
    Revue mycol., XV, p. 70.

1893 Giard (A.). — Nouvelles études sur le *Lachnidium acridiorum*.
    — L'Algérie agricole, XXVe année.

1893 Giard (A.). — A propos de l'*Isaria densa*. — *Journal de
    l'Agricul. pratique*, p. 679.

1893 Giard (A.). — Sur le *Cordyceps militaris*. — *Bull. Soc. entom.*,
    LXII, p. CCCXLIV.

1894 Giard (A.). — Sur les formes agrégées de divers Hyphomycètes
    entomophytes. — *C. R. Soc. Biol.*, t. XLVI, p. 592.

1894 Giard (A.). — Sur l'*Isaria Barberi*, parasite de *Diatraea sac-
    charalis* Ful., et sur les maladies de la Canne à sucre aux
    Antilles. — *C. R. Soc. Biol.*, XLVI, p. 823.

1895 Giard (A.). — Une nouvelle espèce d'entomophyte, *Cordyceps
    Hunti*, parasite d'une larve d'Elatéride. — *Bull. Soc. entom.
    Fr.*, LXIV, p. CLXXXI.

1896 GIARD (A.). — Le parasite de l'Ecaille martre. — *Rev. de Viticulture*, v, p. 453.

1888 GILLETTE (C.-P.). — Chinch-bug diseases. — *Bull. 3, Iowa Agric. exp. Stat.*, nov. 1888, p. 67.

1863 GIRARD (M.). — Note sur les *Isaria* symétriques des Chrysalides de certaines espèces de Vanesses. — *Ann. Soc. entom. Fr.*, 4ᵉ série, t. III, pp. 85-88.

1904 GUEGUEN (F.). — Les Champignons parasites de l'Homme et des animaux. — Paris 1904.

1855 HAGEN (H.-A.). — Monographie der Termiten. — *Linnea entomologica*, vol. x, p. 321.

1879 HAGEN. — Destruction of obnoxious insects by application of the yeast Fungus. — 1879.

1869 HARTIG (R.). — Mittheilungen über Pilzkrankheiten der Insecten in Jahre 1868. — *Dankelmann Zeitschrift fur Forst- und Jagdwesen*. Bd. I, 1869, p. 476-500, mit 1. Taf.

1893 HEIM (F.). — Sur un curieux Champignon entomophyte: *Isaria tenuis*, sp. nov. — *Bull. Soc. mycol.*, t. IX, pp. 114-119 et *Soc. entom.*, 8 février 1893, p. XLXIII.

1887 HESS. — Die Feinde der Biene im Thier und Pflanzenreiche. — Hanover 1887.

1913 HESSE. — Parasitic Mould of the House Fly. — *Brit. Medic. Journ.*, 4 th., jan. 1913, p. 41.

1892 HOFFMANN. — Insectödtende Pilze und die Schlaffsucht der Nonne. — *Aus dem Walde*, 1891, n° 1-6.

1896 HOWARD (Dʳ Wm. R.). — A new Bee disease, pickled-brood or white-fungus. — *American Boo Journal*, vol. 36, n° 37, pp. 577-578. September 10. 1896.

1895 ISTWANFFI (Gy. de). — Eine auf Hölenbewohnenden Käfern vorkommende neue Laboulbeniacee. — *Tersmeszetrajzi Fuzetek.*, vol. XVIII, p. 136. Budapest.

1913 JONES (E.-R.) and D. B. MACKIE. — The Locust pest. — *Philippine agric. Revue*, VI, n° 1, jan. 1913.

1889 KARAVAIEW (W.). — Ueber Anatomie und Metamorphosen der Darmkanals der Larve von *Anobium paniceum*. — *Biolog. Centralblatt*, n° 4 à 6.

240   F. PICARD

1869 KARSTEN (H.). — Chemismus der Pflanzenzelle, p. 78, fig. IX, Wien 1869.

1904 KIRCHNER (O.). — Eine Milbenkrankheit des Hafers. — *Zeitschr. für Pflanzenkr.*, XIV, p. 13-18.

1867 KNOCH. — *Laboulbenia Baeri* Knoch, ein neuer Pilz auf Fliegen. — *Assemblée des naturalistes de Russie, qui a eu lieu à Saint-Pétersbourg du 28 décembre 1867 au 1er janvier 1868*, p. 908.

1867 KOLENATI. — Epizoa der Nycteribien. — *Wiener entomolg. Monatschr.*, I. Bd., p. 66.

1886 KRASSILISTSCHIK. — Sur des maladies des Insectes causées par des parasites végétaux. — *Mém. de la Soc. des Natur. de la Nouvelle Russie*, XI, 1re partie (trad. par GIARD. *Bullet. Scient. du N. de la Fr.*)

1888 KRASSILISTSCHIK. — La production artificielle des parasites végétaux pour la destruction des insectes nuisibles. — *Revue générale d'Agric. et de Vitic. mérid.*, 5 juin 1888.

1902 KUNCKEL D'HERCULAIS. — Causes naturelles de l'extinction des invasions de Sauterelles. Rôle du *Mylabris variabilis* et de *l'Entomophthora grylli* en France. — *Assoc. Fr. p. l'Av. des Sc.* Montauban, 1902.

1913 LAGARDE (J.). — Champignons (1re série). — *Biospeologica* (XXXII.) *Archives de zoologie expérim.*, t. 53, fasc. 5. Décembre 1913.

1856 LEBERT (S.). — Die Pilzkrankheit der Fliegen. — *Verhandl. d. zurcherischen naturf. Gesell.* Octobre 1856.

1890-1891 LE MOULT (L.). — Le parasite du Hanneton. — *C. R. Acad. Sc.*, 3 nov. 1890 et 3 août 1891.

1912 LE MOULT (L.). — De la destruction des insectes nuisibles par les parasites végétaux. — Bourges, 1912.

1820 LINK (H.-F.). — Ueber die Gattung *Sporotrichum*. — *Jahrbücher der Gewaechskunde* herausg. von K. Sprengel, A. H. Schrader und H. F. Link, t. I, p. 172.

1872 LOHDE. — Insecten epidemien. — *Berlin entom. Zeitschr.* 1872.

1890 LUDWIG (F.). — Eine Epizootie der Mycetophilidien. — *Ctbl. f. Bact.*, 1890.

1890 LUDWIG (F.). — Weiteres über die Empusasenche der Mycetophilidien. — *Ctbl. f. Bact.*, 1890.

1888 Lugger (Otto). — Fungi which kill insects. — *Univ. Minnesota, Coll. of. Agric.* Bull., IV, p. 37.

1906 Maassen (Alb.). — Die Aspergillusmykose, der Bienen. — *Mittheil. aus der Kais. biolog. Anst. fur Land- und Forstwirtschaft.* Heft 2, pp. 30-31.

1906 Maheu (J.). — Contribution à l'étude de la Flore souterraine de France. — *Ann. des Sc. nat. Bot.*, 9ᵉ série, vol. III, p. 1-190.

1912 Maire (R.). — Contribution à l'étude des Laboulbéniales de l'Afrique du Nord. — *Bull. Soc. hist. nat. de l'Afrique du Nord*, 4ᵉ année, n° 9, 15 décembre 1912.

1895 Massee (G.). — Revision of the genus *Cordyceps*. — *Annals of Botany*, 1895.

1901 Massee (G.). — South African Locust Fungus. — *Kew bulletin*, 1901, p. 95.

1898 Mattirolo. — Sulla comparsa in Italia della *Entomophthora Planchoniana* Cornu. — *Malpighia*, 1898, p. 199.

1893 Mayor. — Praktische Enfahrungen über das Impfen der Engerlinge mit *Botrytis tenella*. — *Würtemberg Wochbl. f. Landw.*, 1893, n° 7.

1906 Mercier. — Un organisme à forme levûre parasite de la Blatte (*Periplaneta orientalis*). Levure et *Nosema*. — *C. R. Soc. Biol.*, t. LX, p. 1081.

1879 Metchnikoff (E.). — Maladie des Hannetons du blé (*Anisoplia austriaca* (en Russe). — Odessa 1879.

1884 Metchnikoff (E.). — Ueber eine Sprosspilzkrankheit der Daphnien. Beitrag zur lehrer über den Kampf der Phagocyten gegen Krankheists erreger. — *Virchov's Archiv.*, 1884.

1908 Mirande (N.). — Contribution à la biologie des Entomophytes. — *Rev. gén. de Bot.* 1908.

1887 Moniez (R.). — Sur un Champignon parasite du *Lecanium hesperidum* (*Lecaniascus polymorphus* nobis). — *Bull. Soc. Zool. Fr.* p. 150.

1835 Montagne. — Histoire botanique de la muscardine, 1835.

1909 Moulton (Dudley). — The pear Thrips. — *U. S. Dep. of Agric. Bur. of Entom. Bullet.* n° 68, septembre 20.

1895 Oliff (A.-S.). — Australian entomophytes or entomogenous

242 F. PICARD

fungi and some account of their insect hosts. — *Ann. of.
Mag. Natur. Hist.*, p. 482.

1890 Osborne (Herbert). — On the use of contagious diseases in
contending with injurious insects. — *Insect life*, vol. 3,
n° 4, nov. 1890.

1891 Osborne (Herbert). — Fungus infection of Chinch-bugs. —
The Orange Judd Farmer. August 8, 1891, p. 85.

1911 Paoli (Guido). — Nuovi Laboulbeniomiceti parassiti di Acari
— *Redia*, vol. VII, fasc. 2. Firenze 1911 et *Malpighia* 1912.

1903 Parrot (P.-J.). — Chinch-bug fungus distribution. — *Journ.
of. Agric.* July 10.

1892 Patouillard (N.). — Une Clavariée entomogène (*Hirsutella
entomophila*). — *Rev. mycol.*, XIV.

1879 Peck (C.-H.). — *Massospora cicadina* n. g., et n. sp. —
31ᵉ report. of St. Botan. of N. York.

1885 Peck (C.-H.). — *Appendicularia entomophila.* — *38ᵉ report.*,
p. 95. Albany.

1893 Peglion (V.). — La destruzione degli insecti nocivi all' agri-
coltura per mezzo di funghi parassiti. — *Rivist. di patolog.
veg.*, I, 1873.

1895 Pettit (R.-H.). — Studies on artificial cultures of entomogenous fungi. — *Cornell Univ. Exper. Station*, n° 97, p. 339.

1871 Peyritsch (J.). — Ueber einige Pilze aus der Familie der
Laboulbenien. — *Sitzungsber. der Kais. Acad. der Wissenschaft*, LXIV Bd., p. 441, pl. I-II. Wien.

1874 Peyritsch (J.). — Beitrage zur Kentniss der Laboulbenien. —
Id. vol. LXVIII, p. 227, pl. I-III.

1875 Peyritsch (J.). — Ueber Vorkommen und Biologie von Laboulbenien. — *Id.* LXXII, p. 62.

1886 Philips (W.). — *Entomophthora ferruginea.* — *Ann. of Magaz.
of natur. History*, 5ᵉ série, vol. XVIII, juillet 1886.

1912 Phillips (E.-F.) and G. F. White. — Historical notes on
the causes of Bee diseases. — *U. S. Dep. of. Agric. Bur. of.
Entom. — Bull. n° 98.* March 26, 1912.

1908 PICARD (F.). — Sur une Laboulbéniacée marine (*Laboulbenia marina* n. sp.) parasite d'*Æpus Robini* Laboulbène. — *C. R. Soc. Biol.*, t. LXV, p. 584.

1908 PICARD (F.). — Les Laboulbéniacées et leur parasitisme chez les Insectes. — *F. des J. Nat.*, 4ᵉ série, 39ᵉ année, n° 458, 1ᵉʳ décembre 1908.

1910 PICARD (F.). — Sur une Laboulbéniacée nouvelle (*Hydrophilomyces digitatus* n. sp.) parasite d'*Ochtebius marinus* Paykull. (1 fig. texte). — *Bull. Soc. Mycol. de Fr.*, t. XXV, 4ᵉ fasc.

1912 PICARD (F.). — Description de deux Laboulbéniacées nouvelles, parasites de Coléoptères. — *Bull. Soc. entom. Fr.*, n° 8, 1912.

1913 PICARD (F.). — Les maladies de la Chenille d'*Arctia caja* ou Chenille bourrue des vignerons. — *Revue de phytopathologie*, 1ʳᵉ année, n° 3, 20 mai 1913.

1913 PICARD (F.). — Sur une Laboulbéniacée nouvelle, parasite de *Stenus aceris* Steph. — *Bull. Soc. entom. de Fr.*, n° 18, 28 novembre 1913.

1913 PICARD (F.). — Contribution à l'étude des Laboulbéniacées d'Europe et du nord de l'Afrique. — *Bull. Soc. Mycol. de Fr.*, t. XXVIII, 4ᵉ fasc.; p. 503-569, avec 4 pl., 9 fig. texte.

1909 PIERANTONI (U.). — L'origine di alcuni organi d'*Icerya purchasi* e la simbiosi ereditaria. — *Boll. della Societa di Natur. in Napoli*, vol. XXIII (série 2a, vol. III).

1910 PIERANTONI (U.). — Origine e struttura del corpo ovale del *Dactylopius citri* e del corpo verde dell'*Aphis brassicae*. — *Bollet. della Soc. di Natural. in Napoli*, vol. XXIV (série 2a, vol. IV).

1912 POLE (Evans J.-B.). — A fungus disease of Bagworms in Natal. — *Annales mycologici*, vol. X, n° 3.

1911 PORTIER (P.). — Recherches physiologiques sur les Champignons entomophytes. — Paris 1911.

1891 PRILLIEUX et DELACROIX. — Le Champignon parasite de la larve du Hanneton. — *C. R. Acad. Sc.*, t. CXII, p. 1079, 11 mai 1891.

244   F. PICARD

1891 PRILLIEUX et DELACROIX. — Sur la muscardine du Ver blanc.
   Id., t. CXIII, p. 269.

1895 REBER. — Die Finde der Honingbienen in der Thier und Pflan-
   zenwelt. — *Berlin St. Gallesch. Naturw. gesell.*, 1895-1896,
   p. 118.

1889 RILEY (C.-V.). — The Chinch bug *Entomophthora*. — *Insect
   life*, vol. 2, n° 5, nov. 1889, p. 126.

1891 RILEY (C.-V.). — A discouraging fact in Prof. Snow's experiments. — *Insect life*, vol. 3, n° 6. March 1891.

1853 ROBIN (Ch.). — Histoire naturelle des végétaux parasites qui
   croissent sur l'Homme et les Animaux. — Paris 1853.

1871 ROBIN (Ch.). — *Laboulbenia pilosella*. — *Traité du microscope*,
   p. 912, fig. 285.

1897 ROLFS (P.-H.). — A fungus disease of the San-Jose Scale. —
   Florida Agric. exper. Stat., n° 41.

1908 ROLFS (P.-H.) et H. S. FAWCETT. — Fungus diseases of Scale
   insects and white Fly. — *Florida Agr. exp. stat.* Bull. 94.

1910 RORER (J.-B.). — The green muscardine of Frog-Hoppers. —
   Proceed. of the Agr. Soc. of Trinidad and Tobago, vol. X,
   p. 467-482, 10 décembre 1910.

1913 RORER (J.-B.). — The green muscardine fungus and its use in
   cane fields. — *Bull. Agric. Trinidad and Tobago*. March
   31. 1913.

1911 ROUBAUD (E.). — Etude sur les Stomoxydes du Dahomey. —
   Bull. Soc. de Pathologie exotique, 8 fév. 1911.

1850 ROUGET (Aug.). — Notice sur une production parasite observée
   sur le *Brachinus crepitans*. — *Soc. entom. Fr.*, t. VIII, p. 21.

1884 ROUMEGUÈRE. — Les Sphériacées entomogènes. — *Revue myco-
   logique*, t. VI, 1884.

1911 RUBY (J.). et L. RAYBAUD. — *L'Apiosporium oleae* parasite de
   la Cochenille de l'Olivier. — *Revue génér. de Botan.*, t. XXIII,
   p. 473.

1894 SAUVAGEAU (C.). — La destruction des Vers blancs. — *Revue
   de Viticult.*, t. I, 1894.

1894 SAUVAGEAU (C.). — Variabilité de l'action du sulfate de cuivre sur l'*Isaria farinosa*. — *Bull. de l'Herbier Boissier*, Genève, octobre 1894.

1893 SAUVAGEAU. et PERRAUD. — L'*Isaria farinosa* parasite du Ver du raisin (*Cochylis ambiguella*). — *C. R. Acad. Sc.*, 17 juin 1893.

1893 SCHAFFER. — Ein die Maikäferlarve tödtender Pilz (*Botrytis tenella*). — *Zeitschr. fur Forst- und Jagdwesen*, XXV, 1893, p. 90.

1886 SCHRÖTER. — Entomophthoree. — *Kryptog. Flora von Schlesien* III, 2ᵉ part. Breslau.

1890 SNOW (F.-H.). — Chinch-bugs. Experiments in 1890 fort their destruction by the artificial introduction of contagious diseases. — *24 th. ann. Report. entom. Soc. Ontario*, 1890, pp. 93-97.

1891 SNOW (F.-H.). — The Chinch-bug disease and other notes. — *Insect life*, vol. V, n° 1 and 2, oct. 1891.

1869 SOLMS-LAUBACH (Graf zu). — Ueber die Herbstlische epidemie der Stuben fliege. — *Bericht über die Sitzungen der Naturf. gesellsch. zu Halle*, 31 juli, p. 37 und 38.

1894 SORAUER (P.). — Ein Versucht mit *Botrytis tenella* behufs Vernichtung der Engerlinge. — *Zeitschr. fur Pflanzenkrankheit.*, p. 267.

1889 SOROKIN (N.). — Un nouveau parasite de la Chenille de la Betterave (*Sorosporella agrotidis* g. et sp. nov.). — *Bullet. Scient. Fr. et Belg.*, IV, 1889.

1912 SPEARE (A.-T.) et R. H. COLLEY. — The artificial use of the Brown-tail fungus in Massachussets. — 32 p., 8 pl. Boston 1912.

1912 SPEGAZZINI (Carlos). — Contribucion al estudios de las Laboulbeniomicetas argentinas. — *Anales del Museo nacional de Hist. nat. de Buenos-Aires*, t. XXIII, p. 167-244.

1904 STEDMANN (J.-M.). — Status of Chinch bug disease. — *Prairie Farmer*, déc. 22.

1910 SULC (Dʳ Karel). — Pseudovitellus ähnliche Gewebe der Homopteren sind wohnstatten symbiotischer saccharomyceten. — *Sitzungsbericht d. Koningl. Bohm gesellsch. d. Wissen. in Prag.*

1910 SULC (Dr Karel). — Symbiotische saccharomyceten der echten Cicaden (*Cicadidae*). — *Sitzungsbericht d. königl. Bohm. Gesellsch. d. Wissen. in Prag.*

1888 THAXTER (R.). — The Entomophthoreae of the United States. — *Memoirs of the Boston Soc. Nat. Hist.*, t. IV, 1888.

1895 THAXTER (R.). — Contribution towards a monograph of the Laboulbeniaceae. — *Memoirs of the American Acad. of Arts and Sciences*, vol. XII, n° XII.

1908 THAXTER (R.). — Contribution towards a monograph of the Laboulbeniaceae. Part. II (with forty-four plates.). — *Mem. of the Amer. Acad of Arts and Sc.*, vol. XIII, n° VI.

1902 THORN (C.-E.). — Fighting the Chinch-bug. — *Press bullet. Ohio experim. Station.* Wooster, Ohio, Mai 12, 1902.

1891 TRABUT (L.). — Les Champignons parasites du Criquet pèlerin. — *Rev. gén. de Botan.*, oct. 1891.

1898 TRABUT (L.). — Le Champignon des Altises (*Sporotrichum globuliferum*). — *C. R. Acad. Sc.*, CXXV, p. 359.

1898 TRABUT (L.). — Destruction de l'Altise de la Vigne par un Champignon parasite (*Sporotrichum globuliferum* ou *Isaria globulifera*). — *Gouvern. génér. de l'Algérie. Serv. Bot. inform. agric. Bullet.* n° 15. avril 1898 et *Revue de Vitic.*, 1898.

1899 TRABUT (L.). — La destruction des Altises en hiver (*Sporotrichum globuliferum*). — *Bullet. Agric. de l'Algérie et de la Tunisie*, 15 octobre 1899.

1910 TRINCHIERI (Giulio). — Intorno a una Laboulbeniacea nuova per l'Italia (*Trenomyces histophthorus* Chatton et Picard). — *Bollet. della Soc. di Nat. in Napoli*, vol. XXIV (série 2a, vol. IV).

1893 TUBEUF (K. von). — *Empusa aulicae* Reich., und die durch diesen Pilzverusachte Krankheit der Kieferneulenraupe. — *Forstlich. naturviss. Zeitschrift*, II, 1893.

1897 TUBEUF (K. von). — Beendigung von Raupen Epidemien durch *Empusa*. — *Forstlich. naturw. Zeitsch.*, p. 474.

1857 TULASNE (L.-R.). — Notes sur les *Isaria* et *Sphaeria* entomogènes. — *Ann. des Sc. nat. Bot.*, 4ᵉ série, t. VIII, p. 35-34.

1861-1865 TULASNE (L.-R. et C.). — Selecta fungorum carpologia.
— T. III, Paris.

1910 University of Kansas. — Circulation of directions to farmers
for the infection of fields with chinch-bug disease.

1904 VANEY (C.) et A. CONTE. — Utilisation des Champignons entomophytes pour la destruction des larves d'Altises. — *C. R.
Ac. Sc.*, t. CXXXVIII.

1904 VAST (A.). — A propos de la culture d'*Oospora destructor*. —
Bull. Soc. mycol., t. XX, 2ᵉ fasc.

1912 VINCENS (F.). — Recherches sur le parasitisme de quelques
Champignons entomophytes sur *Bombyx mori*. — *Soc. hist.
nat. de Toulouse*, t. XLV.

1902 VOSSELER. — Ueber einige Insecten-Pilze. — *Jares. d. Ver. f.
vaterl. Naturk. in Würtemberg*, 1902, p. 380.

1895 VUILLEMIN (P.). — Quelques circonstances favorables à l'extension des maladies cryptogamiques des insectes. — *Rev.
mycol.* XVII.

1904 VUILLEMIN (P.). — Les *Isaria* du genre *Penicillium*. — *Bullet.
Soc. mycol. Fr.*, t. XX, p. 214-222.

1910 VUILLEMIN (P.). — Les *Isaria* de la famille des Verticilliacées
(*Spicaria et Gibellula*). — *Bull. Soc. mycol. Fr.* t. XXVII,
1ᵉʳ fasc.

1910 VUILLEMIN (P.). — Les Conidiosporés. — *Bullet. séances Soc.
des Sc. de Nancy*, 9 juin.

1911 VUILLEMIN (P.). — *Beauveria*, nouveau genre de Verticilliacées.
— *Bullet. Soc. Botan. de Fr.*, t. LVIII.

1912 VUILLET (A.). — *Entomophthora aulicae* contre *Liparis chrysorrhea*. — *Bullet. Soc. Sc. nat. et méd. de l'Ouest*, 4ᵉ trim.
1912.

1913 WATSON. — The natural mortality of the White-Fly. — *Univ.
Florida Agr. Exp. Stat. Report for 1912*. March 1913.

1910 WATTS (F.). — Scale Insects and their natural enemies. —

Report on the Botan. Stat. experim. Plot and Agric. School. Dominica, 1909-1910, p. 15.

1895 WEBBER (H.-J.). — Preliminary notice of a fungus parasite of *Aleurodes citri*. — *Journ. of Mycology*, VII, p. 363.

1891 WEBSTER (F.-M.). — Means suggested for the outdoor continuance of the *Entomophthora* from year to year. — *Insect life*, vol. 3, n° 6. March 1891, p. 288.

1894 WEBSTER (F.-M.). — Vegetal parasitism among insects. — *Journ. Columbus hortic. Soc.*, XI, p. 46.

1894 WEBSTER (F.-M.). — Observations of some *Entomophthoraceae*. — *Journ. of An. nat. histor.* Jan. 1894.

1895 WEBSTER (F.-M.). — Some notes on *Entomophthoreae*. — *Ann. report of the the Ohio State Ac. of Sc.* II.

1909 WEBSTER (F.-M.). — The Chinch-bug (*Blissus leucopterus* Say). — *U. S. Dep. of Agric. Bur. of entom. circular.*, n° 113, nov. 13, 1909.

1881 WINTER. — Zwei neue Entomophthoren formen. — *Bot. Centralbl.*, V, 1881.

1896 WOODWORTH (C.-W.). — Notes on various diseases of insects. — *Report of Agr. exp. st. of Univ. of California.* Sacramento 1896.

1894 YASUDA (At.). — *Isaria arachnophila* parasitic of the trap door Spider. — *Bot. Magaz. Tokio*, p. 337.

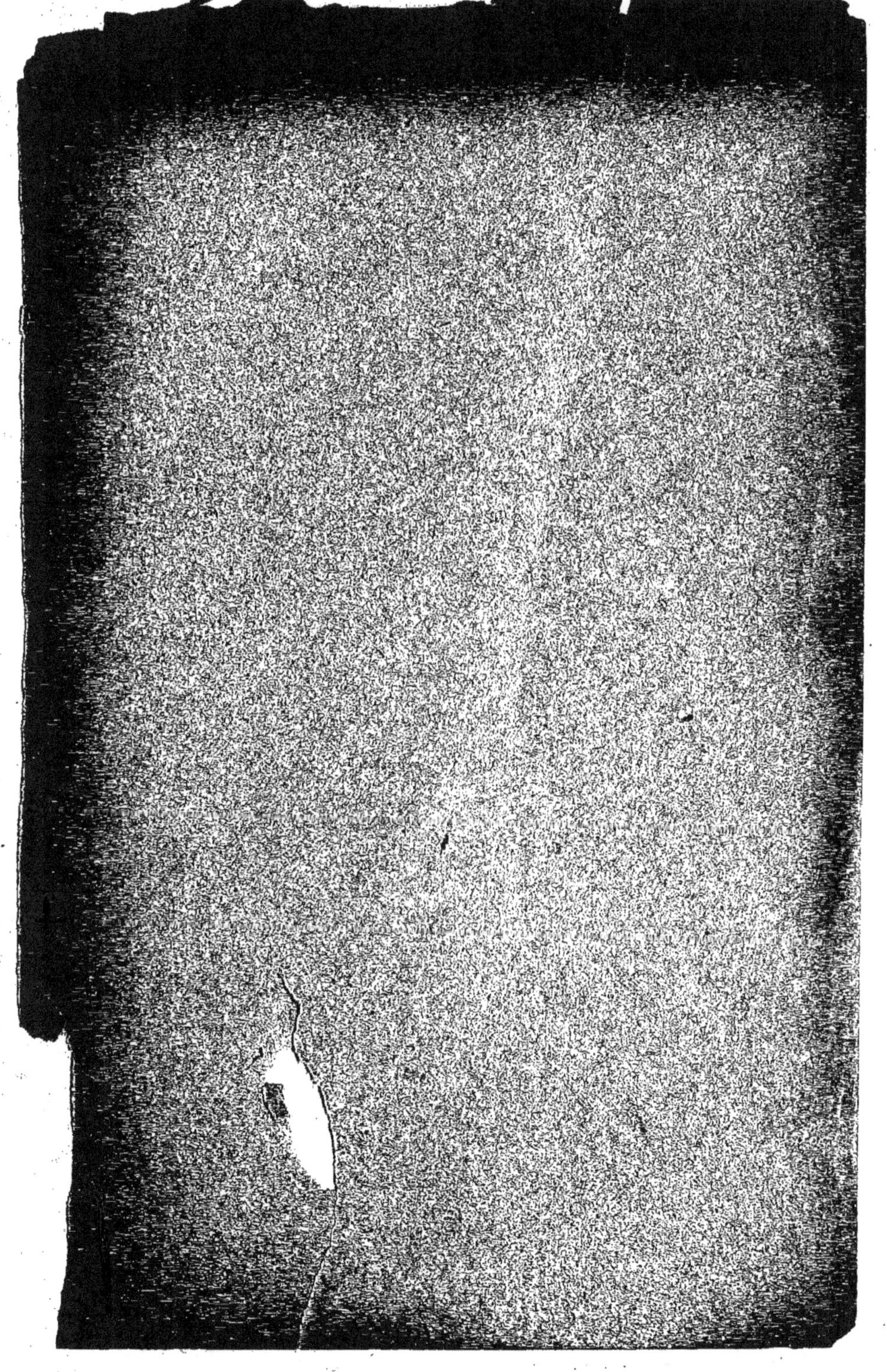